CHINESE
ASIAN
ELEPHANTS

中国亚洲象

中国野生动物保护协会 编著

中国林业出版社 China Forestry Publishing House

图书在版编目（CIP）数据

中国亚洲象 / 中国野生动物保护协会编著. -- 北京:

中国林业出版社, 2023.7

ISBN 978-7-5219-2252-3

Ⅰ. ①中… Ⅱ. ①中… Ⅲ. ①亚洲象 – 中国 – 普及读

物 Ⅳ. ①Q959.845-49

中国国家版本馆CIP数据核字(2023)第132391号

责任编辑：孙　瑶
装帧设计：刘临川

出版发行：中国林业出版社
　　　　　（100009，北京市西城区刘海胡同7号，电话83143629）
电子邮箱：cfphzbs@163.com
网址：https://www.cfph.cn
印刷：北京博海升彩色印刷有限公司
版次：2023年7月第1版
印次：2023年7月第1次印刷
开本：787mm×1092mm　1/12
印张：13.5
字数：128千字
定价：228.00元

《中国亚洲象》编委会

主　编

武明录　王晓婷

编　委

何　伦　郭志明　罗爱东

薄正喜　李子慧　李明哲

科学顾问

时　坤　谢　屹　陈　飞

插画绘制

刘子萱

图片摄影

沈庆仲　罗爱东　陈　飞　郑　璇　保明伟

鸣谢单位

国家林业和草原局亚洲象研究中心

云南省森林消防总队

云南西双版纳国家级自然保护区管理局

前言

2020 年，中国云南西双版纳"短鼻家族"15 头亚洲象的北上南归之旅，引发全球"追象"热潮，超 1500 家国内媒体、1500 家海外媒体对这次旅途进行报道，全网点击量超过 110 亿，辐射 190 多个国家和地区。云南巧借"大象之旅"——北上南归的故事，以大象的迁移为线索，铺展开一幅彩云之南人与自然和谐共生的美好画面。

大象，作为备受瞩目的动物之一，栖息在非洲和亚洲大陆。它们最引人注目的特征莫过于那长长的鼻子，这也为它们赋予了独特的分类，被归为长鼻目动物。大象体形巨大，最高者可达 4 米，体重可达 12 吨。大象拥有复杂的情绪和超群的智慧，被认为是地球上最聪明的动物之一。它们具有出色的记忆力和学习能力，可以通过社交学习和观察它们的群体成员来获取知识和技能，可以记住水源的位置和其他重要的地点，并使用自己的认知能力来解决各种问题，如找到食物、适应环境变化和应对威胁。此外，大象还表现出情感和社交智能，它们具有复杂的社交结构，能够识别自己的亲属和建立紧密的群体联系，可以通过视觉、听觉和味觉等多种方式进行沟通，并展示出关心和照顾其他成员的行为。大象在认知和情感方面展现出的超高智慧水平，使得它们成为一个引人注目的研究对象，并且为我们理解动物智慧的演化和人类智力的起源提供了重要的线索。

大象在生态系统中扮演着重要的角色。比如大象是重要的种子传播者，它们吃下的植物果实或种子会随着它们的粪便被排泄到其他地方，有助于植物的繁殖和扩散；大象以大量的植物为食，可以控制植被的密度和结构，通过消除过多的灌木和树木，减缓森林过度生长和火灾的蔓延，维持森林健康；大象每天需要大量饮水，并且经常在水边或河流中沐浴，这一行为可促进形成稳定水源区，为其他动物提供清洁的饮水源等。它们以其巨大的体积和力量改变着栖息的环境，不仅对植物和其他动物的生存和繁衍有积极影响，还维持了整个生态系统的平衡和稳定性。因此，保护大象及其栖息地是保护自然生态系统的重要一环。我们应该继续珍惜和保护这些濒危而又珍贵的生灵，确保它们能够繁衍生息，世代相传。

中国亚洲象群的北上南归事件，让全世界把目光聚焦到了这一庞大、古老的陆生哺乳动物上，轰轰烈烈的旅途背后，离不开每一个为之努力付出的人。本书以中国云南亚洲象的北上南归事件为引，向大家介绍这个神奇的物种的同时，了解中国在保护亚洲象上作出的努力……

目录

中国亚洲象

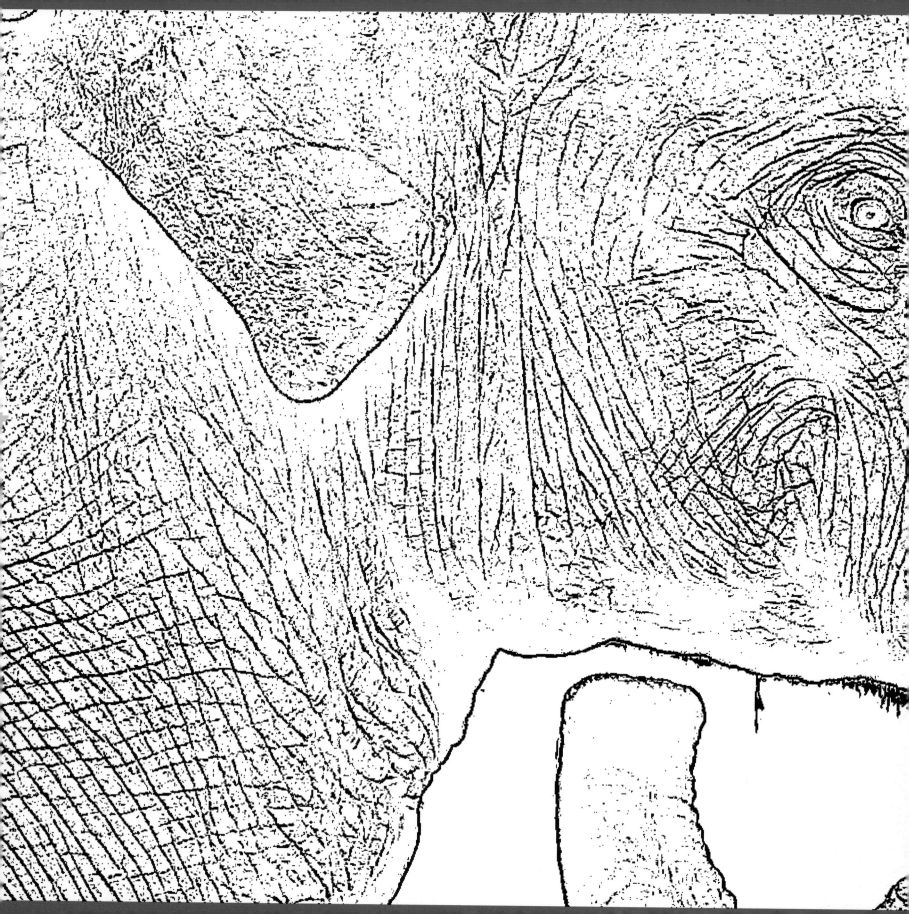

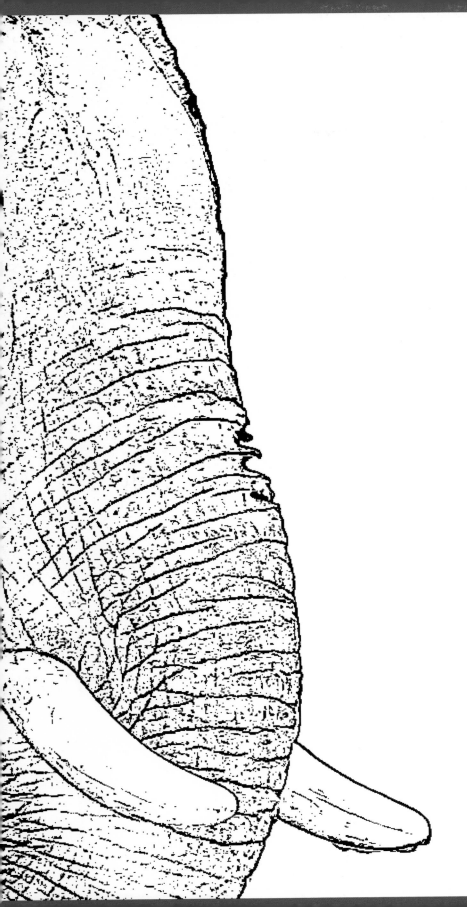

中国亚洲象

第一章
大象的世界

亚洲象作为亚洲最大的现存陆地哺乳动物，拥有令人惊叹的体形，鼻子、耳朵、四肢和皮肤等部位共同构成了独特的外貌，这些部位还有着你想象不到的用途。鼻子不只用来呼吸，还是它们沐浴的"花洒"；脚底的肉垫能当作"耳朵"，感知遥远土地上的轻微震动；耳朵又能用来当扇子驱赶蚊虫。本章让我们一起瞧瞧大象身体还有哪些独特的功能。

大象的物种和分布

目前世界上有三种大象

人们习惯将它们统称为"大象"

同样被称为"大象"，它们看起来相似

事实上却有分别，可分为亚洲象和非洲草原象、非洲森林象

非洲草原象和森林象通常合称为非洲象

大象的生命史与进化

或许你会感到惊讶，海牛目是与长鼻目最为接近的物种，大象竟然拥有一个远房的水生兄弟。海牛类与大象有着许多相似之处。海牛类在外形上具有类似大象的特征，其中包括独特的獠牙状门齿和可以替换生长的颊齿。颊齿是它们口腔内的后部牙齿，用于咀嚼食物。与许多其他动物不同，海牛和大象的颊齿是不断地生长并替换的，以适应它们大量的食物需求和消耗。

此外，还有两个化石类群与长鼻目有较近的亲缘关系。一个是重脚兽类，它们拥有巨大的体形，其中埃及重脚兽头上甚至长有一大一小两对巨大的角。另一个是索齿兽目，它们是一种奇特的大型半水生哺乳动物，主要分布在太平洋两岸的日本、美国等地。

另一个与长鼻目有亲缘关系的现生类群是蹄兔，蹄兔在外貌上与兔子非常相似，因此得名。它们主要分布在非洲和阿拉伯地区，尽管它们的体形和外观类似兔子，但它们与大象之间的共同点不仅限于外貌，从进化的角度来看，蹄兔与长鼻目同属于一个演化树上的分支，彼此之间存在着亲密的关系。

通过这些详细的描述，我们可以更清晰地理解海牛类以及与它们有着紧密亲缘关系的重脚兽类和索齿兽类。这些相似之处揭示了生物界中物种之间的联系，并展示了生物多样性的奇妙之处。

现有长象目仅一科两属三种。即象科，非洲象属、亚洲象属，其中非洲象属包括非洲草原象和非洲森林象两种。

原兔兽

始祖象

（约 7000 万年前至 6000 万年前）

是长鼻目演化历程中的早期阶段，出现在古新世时期。

始祖象（Prodeinotherium）是大象演化历程中的一个重要环节，但并不是大象的直接祖先。始祖象是生活在中新世至早中新世时期的一种古老长鼻类动物。

磷灰象 （约 4000 万年前至 2000 万年前）

磷灰象是象科的一种，生存于渐新世至中新世。

磷灰象体重为 10 至 15 千克，是早期长鼻类的代表之一。

嵌齿象 （约 130 万年前至约 1.1 万年前）

嵌齿象也属于猛犸象亚科，生活在更新世。

嵌齿象的体型较大，通常比现代大象小一些，但仍属于巨型动物。它们最显著的特征是其牙齿结构，即上颌的臼齿上有一些突起状齿列，这些齿列嵌入到下颌的对应凹槽中，因此得名为嵌齿象。这种特殊的牙齿结构使得嵌齿象能够有效地磨碎植物纤维，适应其主要以植物为食的生活方式。

哥伦比亚猛犸象 （约 110 万年前至约 1.1 万年前）

哥伦比亚猛犸象是猛犸象亚科的一种，生存在更新世。

猛犸象的肩高可达 4 米甚至更高，它是现代亚洲象和非洲象的祖先。它们应对严寒环境的武器是其独特的长毛，猛犸象的毛发可以长达 1 米，像一层厚厚的毯子覆盖全身。此外，猛犸象皮下还有一层厚厚的脂肪，可以有效隔离寒冷，而小小的耳朵和短短的尾巴则有助于减少热量散失。凭借这些功能特征，猛犸象能够在冰天雪地中生存下来。

三种大象对

背

- 中间高两边低
- 中间低两边高

高：2.4 至 3.5

分 布

  非洲象主要分布在非洲地区，如肯尼亚、坦桑尼亚、南非、刚果、乌干达、苏丹、安哥拉等。其中，森林象主要分布在非洲热带森林中，而草原象主要分布在非洲草原上。

  亚洲象主要分布在亚洲，包括印度、斯里兰卡、尼泊尔、孟加拉国、缅甸、泰国、老挝、柬埔寨、越南、中国等 13 个国家部分地区。在中国，亚洲象主要分布在云南的西双版纳、普洱和临沧。让我们一起看一下这三种大象有什么不同，再具体了解一下本书的主人公亚洲象吧。

比示意

头顶

● 2 个凸起

●● 1 个凸起

鼻

● 1 个鼻突

●● 2 个鼻突

亚洲象

米 重：3 至 5 吨左右

非洲草原象

高：2.7 至 4 米 重：2.7 至 6 吨

恐象 （约 6000 万年前至 4000 万年前）

　　恐象是恐象亚科的成员，生存在古新世晚期至渐新世中期。

　　恐象是一种巨大的动物，体重超过 10 吨，属于体型最大的长鼻类之一。它们没有上门牙，而是具有向下弯曲成钩状的下门牙，鼻子相对较短。

互棱齿象
（约 1600 万年前至约 200 万年前）

　　互棱齿象属于真猛犸象亚科，生存在中新世晚期至早更新世。

　　互棱齿象在亚洲地区繁衍生息，并在不同时期展现出多样化的演化特征。它们的牙齿上有许多明显的棱脊，这也是其名称的由来。互棱齿象的臼齿形状复杂，可分为 4 个棱面，这使得它们能够有效地磨碎便于消化坚硬的植物纤维。

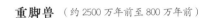

重脚兽 （约 2500 万年前至 800 万年前）

　　重脚兽是犀科中的一个亚科，生活在中新世晚期至中新世末期。

　　重脚兽是一种巨大的有蹄类动物，体型庞大而威武，肩高可达 3 至 4 米，体重为 3 至 5 吨。它们拥有粗壮的躯干、强壮的四肢和粗大的头部。重脚兽的特征之一是它们庞大而弯曲的头角，这些头角与角龙的角类似，但其功能与角龙不同。

美洲乳齿象 （约 150 万年前至 1.3 万年前）

　　美洲乳齿象是猛犸象亚科的一种，生存于更新世。

　　乳齿象这个名字来源于它们牙齿上成对的像乳头形状的突起。乳齿象最早出现在渐新世早期，最早的化石在埃及被发现，这时它们已经比始祖象有了明显的进步。

耳朵

●小 – 无法覆盖到肩部

●●大 – 覆盖到肩部

象牙

●白 – 弯 – 短；雌象无牙

●白 – 弯 – 长

●黄 – 直 – 长

脚趾

●●前5后4

●前4后3

非洲森林象

高：1.9至2.4米　重：3.5至5吨

亚洲象

　　本书的主角——亚洲象，主要栖息在热带和亚热带地区的森林、河谷、竹林和阔叶混交林等地。相较于非洲草原象，亚洲象的生活条件更加优越和舒适，植被茂密、食物和水源充足，所以亚洲象一般不会像非洲草原象那样因为食物和水源进行大规模、长距离的迁徙。

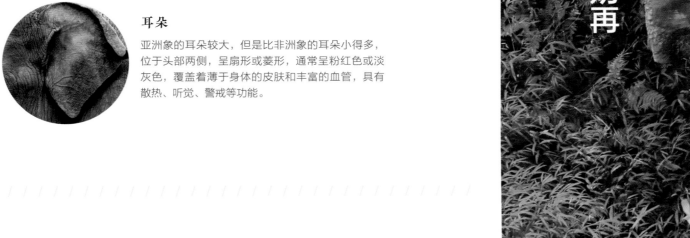

了解了亚洲象的分布和生存环境，那我们不妨再来了解一下亚洲象的身体结构。

皮肤

亚洲象的皮肤通常呈灰色，某些个体也可能略带棕红或者粉红色调，大约有 2.5 厘米的厚度，具有出色的防护能力，是它们面对恶劣环境和外界威胁的有效屏障。

毛发

亚洲象的毛发分布在身体的不同部位，包括头部、耳朵、腿和尾巴，硬毛覆盖在象体的外层，呈现出灰色或黑色色泽，质地较硬，可提供保护，减少外部环境对皮肤的损害；绒毛相对柔软，分布在内层，在寒冷季节可起到保温作用。

鼻子

亚洲象的鼻子是最重要的器官之一，也是其最显著的特征之一，长度 1.5 至 2 米，内部有许多软骨和肌肉组织，这些组织给予鼻子灵活性和力量，使其能够进行各种复杂的动作，同时具有极高的嗅觉灵敏度。

耳朵

亚洲象的耳朵较大，但是比非洲象的耳朵小得多，位于头部两侧，呈扇形或菱形，通常呈粉红色或淡灰色，覆盖着薄于身体的皮肤和丰富的血管，具有散热、听觉、警戒等功能。

眼睛

亚洲象的眼睛略呈圆形，瞳孔能够调节大小以适应不同的光线条件，相对于大象的体形来说，眼睛比例略小，亚洲象的视力相对较弱，但仍然能够看清近距离的物体和辨别颜色。

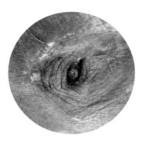

象牙

雄性亚洲象的上门齿突出于口唇外，并向上翘起，而雌性亚洲象的上门齿相对较短，一般不露出口腔外。象牙颜色主要呈乳白色或白色，但也有少数象牙表面呈现黄褐色。

尾巴

亚洲象的尾巴相对较短，通常为 30 至 100 厘米，尾巴末端具有一簇细小的毛发，看起来像一个小扫帚，用于平衡身体、传达信息和驱赶昆虫。

四肢

亚洲象的四肢非常粗壮，前肢比后肢长，前肢有 5 个蹄趾，后肢有 4 个蹄趾。后肢非常灵活，可以帮助它们迅速地行走、奔跑和转向。

中国亚洲
象

Skin 皮肤

亚洲象的皮肤是其最外层的保护层，通常呈灰色至深灰色，有时也呈浅棕色或粉红色调，皮肤颜色使它们更好地融入自然环境中，起到一定保护伪装作用。皮肤表面布满了坚韧的角质层，异常厚实，具有出色的防护能力，能够防止水分的流失，并有效隔离外界的热量和寒冷，成为它们面对恶劣环境和外界威胁的有效屏障。

大象的皮肤表面充满了皱褶，松弛而有弹性，可以随着大象的体形和动作自如地伸展和收缩。皮肤表面常常呈现出一些小凸起，这些凸起通常被称为"皮肤鳞片"，由于其形状和排列方式的不同，使得每只大象的皮肤都具有独特的纹理，这种纹理在时尚设计领域备受欢迎，比如外观上模仿大象皮肤纹理设计的皮包。

除了纹理独特，颜色也受到很多人青睐，很多人钟爱大象色，它散发着稳重和内敛的特质，为人们带来深沉与平和的感受，既不过于张扬，又不失优雅和时尚，与白色、黑色、蓝色或粉色等其他色彩相融合，可打造出多样的风格与氛围。无论是室内装饰、时尚设计抑或艺术创作，大象色都能赋予作品一种自然、温暖和协调的感觉。

Hair 毛发

亚洲象的毛发分布在皮肤表面，分为两种。硬毛覆盖在象体的外层，呈现出灰色或黑色色泽，质地较硬，可减少外部环境对皮肤的损害；绒毛相对柔软，分布在内层，在寒冷季节可起到保温作用。亚洲象的毛发不仅具有保护身体免受外界伤害的功能，还对其生理活动起到重要的调节作用，可帮助体温保持稳定，确保身体的正常代谢活动，还可以防止身体水分过度蒸发和流失。

研究表明，亚洲象的毛发密度和颜色可能会根据环境条件的变化而发生改变：在较为温暖和湿润的环境中，毛发密度较低，颜色也较浅，以适应降低体温的需要；而在干燥和寒冷的环境中，毛发密度则增加，颜色变得较深，有助于保持体温并减少水分蒸发。

亚洲象的毛发也会随着它们的生命周期而发生变化：幼象毛发较淡，成年后逐渐加深和浓密，老年亚洲象的毛发会变得稀疏和灰白。亚洲象的毛发变化不仅是其外貌和生理结构的体现，也反映着它们适应环境和生命周期的策略。

Tr

中国亚洲
象

026

象鼻

亚洲象的鼻子是其最显著的特征之一，它们的鼻子非常长且灵活，长度为1.5至2米，由上唇和鼻子融合向下延伸并形成一个弯曲的管状结构。亚洲象是典型的食草动物，它们没有胆囊，无法消化肉类食物，但那发达的长鼻能够做握取、卷起、拉扯、甩动、挖掘和吸吹的动作，让它们可以取食很大范围内的食物，还能"精细"处理食材。现今已经记录到亚洲象的植物性食物种类多达390种，可见其可食植物十分广泛，灵巧的长鼻功不可没。

象鼻具有大量交错的肌肉，这让象鼻威力巨大并能完成精细动作。同时，鼻腔后方的食道上端有一块软骨，吸水时软骨会暂时盖住气管口，避免了长鼻吸水被呛，解决了庞大身躯喝水的问题。亚洲象的鼻子内部有许多软骨和超过10万块的肌肉组织，这些组织给予鼻子灵活性和力量，同时象鼻上拥有大量的神经组织，鼻尖部位最为丰富，为其提供了感知基础。亚洲象的鼻子内部有上万个嗅觉细胞，使其具有极高的嗅觉灵敏度，可以用来传递味道、声音和触觉信号，感知到地下深处的水源和植物根系，与同伴进行交流等。

亚洲象的耳朵较大，但比非洲象的耳朵小得多，位于头部两侧，略微突出于头部轮廓之外，覆盖不到肩最高点，呈扇形或菱形，通常呈粉红色或淡灰色，象耳朵的皮肤比其他部位要薄，有着丰富的血管网，具有听觉、散热、警戒等功能。

亚洲象会用耳朵扇风，就像人使用扇子一样，以此散发体内的热量。其次，象的耳朵还能听到远处的声音，便于感知周围环境和其他同类。此外，耳朵也在社交中进行非语言沟通，例如当它警戒和发怒时，耳朵会竖立，用于警告入侵者；当它们感到害怕或不安时，耳朵会向后收缩。

亚洲象可以用人们听不见的次声波交流，次声波能传播很远，能够通过象的脚底肉垫由骨骼传到内耳，从而完成远距离的社群交流。

Ears 象耳

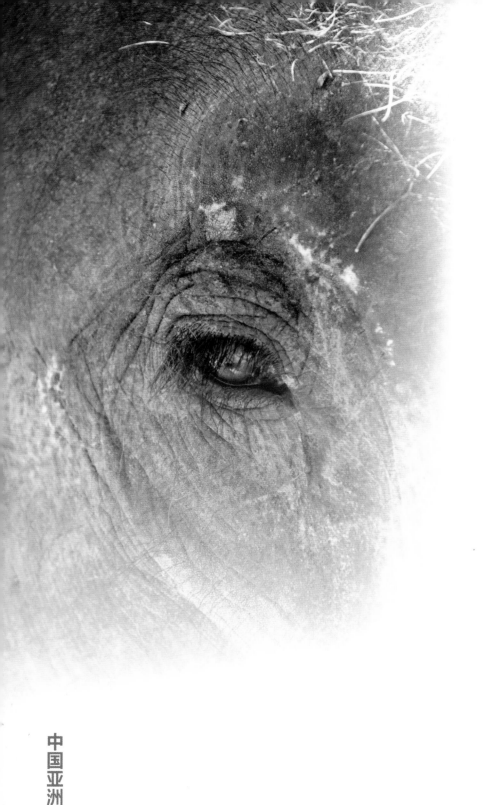

亚洲象的眼睛并没有我们想象中的那么大，一头身高约为3米、体重在4至6吨的亚洲象，眼睛直径也只有3.8厘米。大象的视力并不算好，像我们的近视眼一样，能够看清楚距离它4至9米范围内的物体。

但亚洲象的眼睛可以覆盖约270度的视野，这比人类的视野要宽阔得多，眼睛位置靠近头顶，可以同时看到前方、侧面和后方的景象，而不需要时刻转动身体或头部，瞳孔能够调节大小以适应不同的光线条件。

Eyes 象眼

Ivories 象牙

中国亚洲象

象牙通常指的突出于口唇外，并向上翘起的上门齿。在亚洲象中
象会具有突出口外的显著象牙，当然也存在一些例外，有些雄性个体
也不具显著象牙，雌象的门齿较短，一般不突出于口外，有时雌象也
有比象牙更小的、突出于口外的小象牙，但二者并非完全相同。值得
的是，2021年云南大象北上南归事件象群中有一头雌象，就出现了小
突出于口外的情况。

雄性亚洲象的象牙坚硬耐磨，能够在采食时切割植物，获取食物
被用作自卫和攻击的利器，或用于与其他雄象竞争领地或配偶的打斗中
象的象牙具有社交象征意义，长而强大的象牙是雄象自身力量和地位的
标志，具备较大象牙的雄象通常在繁殖权和社会地位上更具竞争优势。

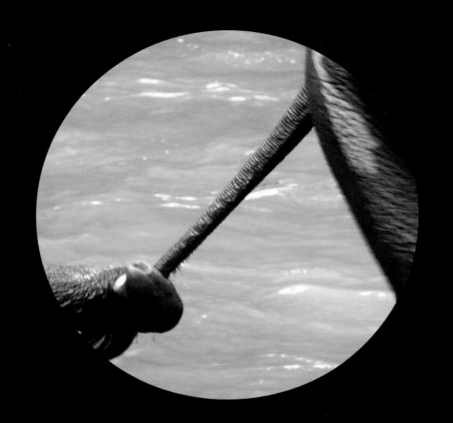

亚洲象的尾巴相对较短，只有30至100厘米，尾巴末端具有一簇细小的毛发，看起来像一个小扫帚。亚洲象的尾巴可以帮助它们在移动和奔跑时保持平衡，尾巴的运动可以对抗身体其他部分的重量变化，使得大象更加稳定地行走或奔跑；尾巴也是亚洲象进行社交和交流的一种方式，可以通过摆动、抖动或卷曲尾巴来传达不同的信息给其他同伴，如亚洲象兴奋或警觉时，尾巴会抬高竖起来；尾巴还能够用于驱赶蚊虫，保持身体的清洁和安静。

Tail 尾巴

limbs

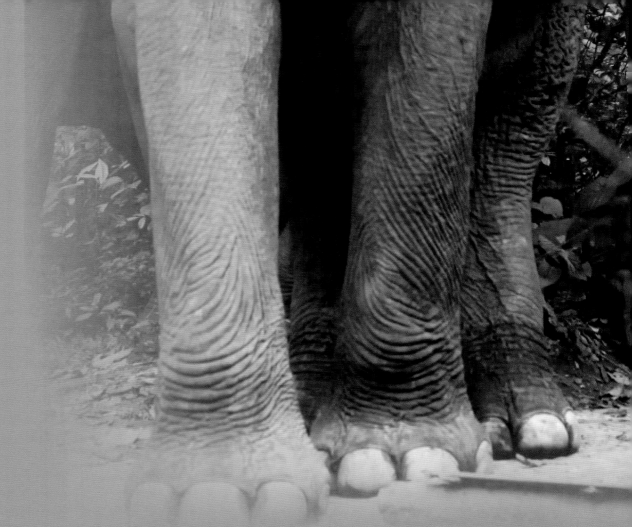

四肢

亚洲象的四肢非常粗壮，前肢比后肢长。前肢有5个脚趾，而后肢有4个脚趾，用于支撑整个身体和行走。前肢中有一个较大且粗壮的中央脚趾，是它们行走时承受最大重量的脚趾，中央脚趾四周分布着较小的4个脚趾。后肢只有4个脚趾，其中3个较大且粗壮，排列成一个三角形，行走时起到平衡和支撑作用。

你知道为什么亚洲象体形这么庞大，但是走路几乎不发出声音吗？秘密在于其脚掌和趾骨的特殊结构和组织。象脚底有一个厚而柔软的肉垫，它可以吸收地面震动，减少行走时产生的冲击力；此外，象的趾骨很宽大，且被各个关节连接起来，能够分散体重和平衡身体，从而降低对地面的冲击力。这些特殊的适应性结构和机制使得大象在行走时几乎不发出声音，也能在行走、奔跑中保持很好的平衡。

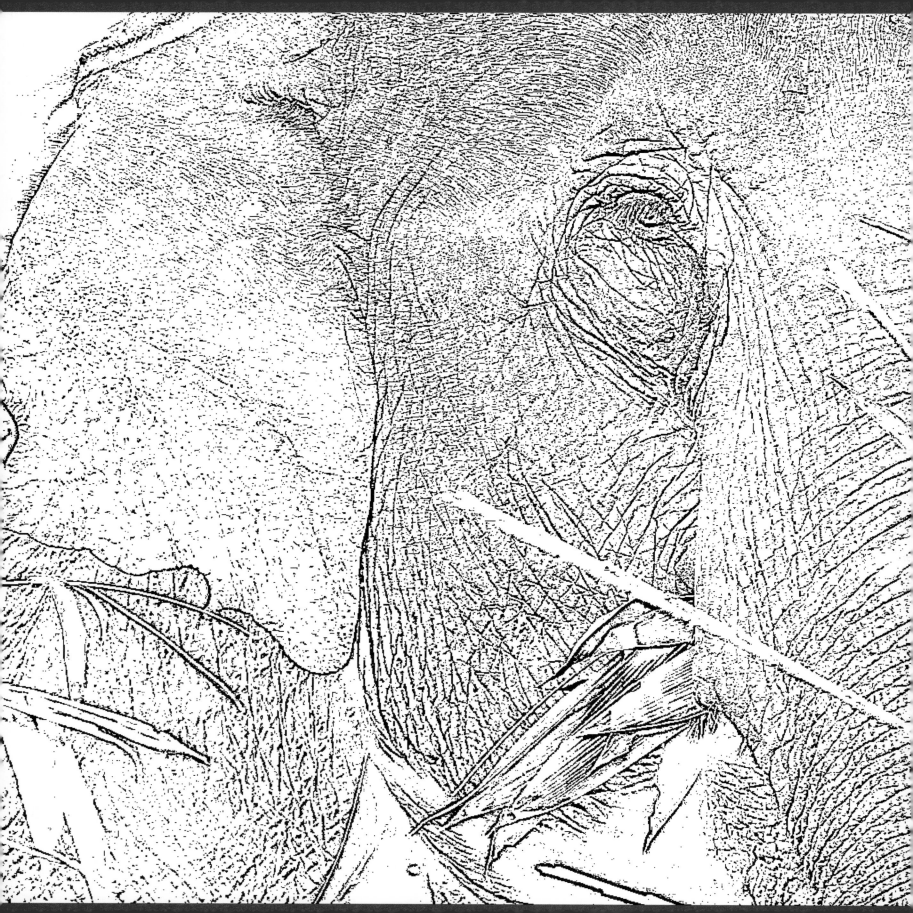

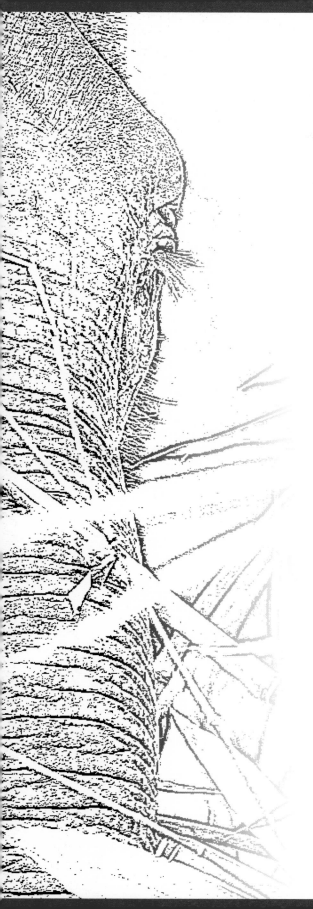

第二章
亚洲象的
生态习性

中国亚洲 象

亚洲象栖息在哪些地区？它们以什么为食

繁殖过程中是如何进行配对的

它们的社会结构又是怎样的呢

这些亚洲象的生态习性

引发了人们的好奇心

我们将揭开这些谜团

一起探索亚洲象的栖息地选择、食性偏好

繁殖行为和社会结构

以更深入地了解这一濒危物种

亚洲象的家庭

在亚洲象的社会中，家庭群体由一头或几头成年雌性及其子女组成。雄性小象会在成年后离开母亲的家庭群体，加入其他成年雄性组成的小群体或独自行动。西双版纳国家级自然保护区内，象群小的只有2至3头，而有些大象群则能达到20头以上，甚至有30头以上的大象群的特例。

在这种社会结构中，亚洲象的家庭群体是由母系家族支配的，即由母亲、祖母和姐妹组成，它们通常会一起生活和繁殖，互相帮助和保护。这些家庭群体中的成年雌性被称为"家族领袖"或"母象"，它们通常会带领家庭群体在寻找食物和水源时，保护家庭成员不受捕食者的攻击，以及在需要的时候向其他家庭群体展示自己的力量和威严。除了核心家族之外，大象还可以组成更大的社交团体，包括由几个核心家族组成的"血缘集群"，以及由许多血缘集群和独立成年雄性组成的更大的"社交网络"。这些社交团体对于大象的生存和繁衍非常重要，它们能够提供互相支持和合作的机会，同时也能够帮助大象更好地适应和应对环境变化和食物资源的变化。

首　领

亚洲象的首领在社会中扮演着非常重要的角色，它们需要掌握丰富的社交技能，包括与其他家庭群体的交流、保护家族成员不受威胁、帮助新生小象学习和成长等。此外，亚洲象的首领还需要具备判断和决策的能力，以便在面临突发事件时做出正确的决策，例如判断何时应该离开一个区域或如何保护家庭成员。因此，亚洲象的首领不仅需要拥有强大的身体素质，还需要具备一定的智慧和社交技能，以便在社会中发挥领导作用。

大象的繁殖

亚洲象的寿命一般为60至80岁，与人类接近，青春期通常为7至10岁，一般15岁性成熟。

亚洲象为多配偶制，因此在繁殖期常有雌象对配偶的选择和雄象对交配权的争斗发生。雄象常因为争夺交配权而发生激烈打斗，而雌象很少选择配偶，一般都会接受雄象的骑跨和交配行为。这是因为相对于雄象的发情，雌象的发情更加来之不易。据观察，雄象发情没有严格的季节性，四季均能繁殖，因此没有抚育压力的雄象总在独自生活和游荡于不同发情雌象中切换；而雌象却不同，雌象虽有长达16周的发情周期，但只会在1周内接受交配，受孕成功后会进入20至22个月的孕期，且在诞下幼象后2年内不会发情，以专心抚育幼象，因此发情雌象算得上是"稀缺资源"。

亚洲象是目前已知的拥有最长妊娠期的哺乳动物之一，每胎仅产下1只幼象，极少数情况下会出现双胞胎。平均每6至8年才能繁殖一次。

雌象一般会在季风季节或雨季分娩，分娩前会寻找一个安全稳定的地方，家族成员会紧紧守护着分娩母象，不会因为其行动不便而离开，它们会在附近觅食，直到母象生产完毕、幼象能够行走时，才会一同离开。

幼象在出生后的1至2个小时就能慢慢地站立起来，并尽快开始进食，初生幼象会有明显的胎毛，身高为76至91厘米，体重约为100千克。幼象会依靠母象的哺乳来获得营养，通常会持续2至3年。这个阶段幼象需要学习如何与群体成员相处、获取食物以及其他生存技能。在自然状态下，幼象的出生率往往极低，出生后夭折的概率也较高。

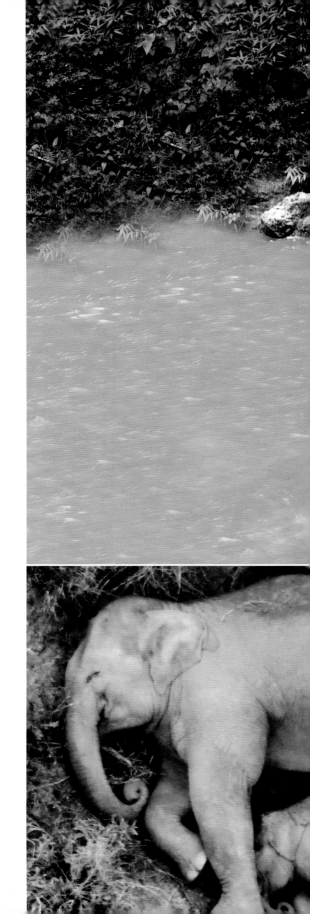

049

第二章　亚洲象的生态习性

亚洲象的食物

　　亚洲象每天要进食16至18小时。一头成年象每天需要摄取约150千克的食物才能满足自身的需求。它们在野外可以选择各种植物作为食物来源，取食的部分包括嫩枝、树叶、茎秆等。据研究，中国亚洲象采食的植物种类达300余种，其中最喜欢的食物主要是粽叶芦、野芭蕉、竹类等禾本科植物。

　　但目前，随着亚洲象种群数量的增多，部分亚洲象开始走出保护区，频繁采食玉米、水稻、甘蔗等农作物，也学会吃各种各样的瓜果，有些种群甚至只采食农作物。据亚洲象监测人员发现，这样的象群偶尔回到森林中的时候，一些小象不会采食野生植物，也不会辨认可食植物。持续采食高热量的农作物会让亚洲象的采食时间变短，"游荡"和玩耍时间增多，人象活动空间高度重叠的情况下导致在这些区域生产生活的居民在劳作时遇到大象的概率大幅增加，人象冲突问题较为严峻。

粽叶芦

粽叶芦是一种多年生的高大草本，丛生，亚洲象常喜欢采食嫩芽，利用象鼻的巧劲轻松地拔出尖端的嫩叶，粽叶芦能为亚洲象提供丰富的纤维素，也是其喜食的植物之一。

野芭蕉

野芭蕉含有丰富的纤维，它的果实、茎秆中部、嫩叶对亚洲象来说都是可食用的。大象利用鼻子将整株芭蕉树推倒后，会利用前肢和象牙等，灵巧地剥出茎秆中部采食。野芭蕉的水分含量较高，在提供了丰富营养的同时还有水分补给，在干旱季节或水源匮乏的地区，亚洲象可以依靠食用这类含水量较高的植物来获取水分。

竹类

不止熊猫吃竹子哦，大象也会使用长长的鼻子扯下竹叶取食，坚硬的臼齿切割和嚼碎竹子的纤维，大象也特别喜欢吃鲜嫩的竹笋。大象的消化系统经过漫长的进化，拥有特殊的微生物群落，可以帮助分解和吸收竹子中的营养物质。

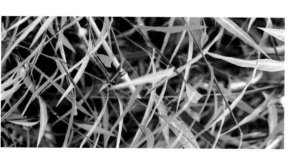

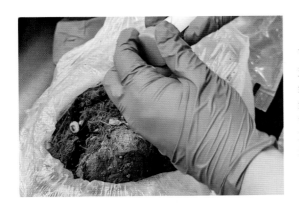

粪便

亚洲象的粪便通常呈圆形或椭圆形，大小和形状因个体、年龄和饮食而异，主要由未被消化吸收的食物残渣、纤维素、水分和微生物组成。亚洲象的食物主要是树叶、草、树皮和种子等，因此粪便中含有相对较高的纤维素。大象的粪便在生态系统的循环中起着重要作用，粪便可以成为土壤的一部分，富含有机物质和养分，能够促进土壤肥力的提高和植物的生长；亚洲象的粪便含有许多完全未消化的纤维，能吸引许多昆虫前来取食，从中获取能量和养分；大象的粪便还有助于种子的传播，大象是单胃动物，消化能力不好，吃下的种子通常无法被消化，会通过粪便排出，附着在粪便表面或者在粪便堆中孵化，有利于种子的扩散和繁殖。

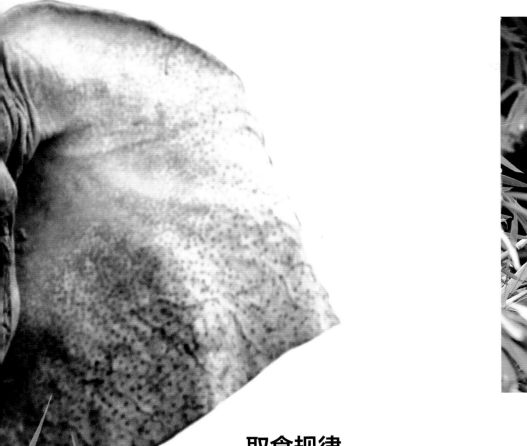

取食规律

　　亚洲象是群居动物，成年雌性和幼象会组成家族，拥有一定的社群等级制度，会在一起寻找食物，并共同利用资源，而成年雄象通常独自行动取食。亚洲象以很多植物为食，其食谱大多是通过后天学习形成的，幼象会观察其他成年象吃什么，如果其他成年大象能够安全地食用某种植物，它们就会学习、模仿和记住该种植物可食及取食方式。

　　亚洲象通常会选择多样化的取食地点，以获取丰富的植物资源。它们能够适应不同类型的栖息地，如森林、草原、湿地等，根据季节和气候条件的变化选择不同的取食地点。亚洲象的取食行为也受到季节性变化的影响，在旱季，植物资源可能较为稀缺，亚洲象需要花更多时间去寻找和获取食物；而在雨季时，植物资源丰富，它们可能会有更多的选择和机会。亚洲象的取食和移动通常在清晨、傍晚和夜晚，这是因为天气较为凉爽，人为干扰也较少，白天则倾向于休息和隐蔽。

饮　水

　　水，对亚洲象非常重要，饮水是除采食之外较重要的活动之一，它们每天需要摄取足够的水分来维持正常生理功能和健康状态，其饮水量取决于气温、活动水平、饮食成分和身体健康状况等多个因素。根据研究和观察，亚洲象一天的饮水量通常在100至200升之间。

　　亚洲象会通过嗅觉和听觉来寻找附近的水源，也能凭借超群的记忆力记住水源的位置。亚洲象可以利用食物中的水分满足部分的水分需求。在干旱季节或水资源缺乏的地区，亚洲象会在短时间内摄取大量的水，并"储存"起来。

　　也许你会好奇，大象用鼻子喝水不会被呛到吗？答案是不会。象的鼻子与气管相连，而非口腔。喝水时通过鼻孔吸入水，并将其暂时储存在鼻腔中，鼻腔后方有一块软骨，类似于一个"闸门"，可以阻止水进入气管，然后再将水送入口腔中。

　　和非洲草原象比起来，生活在亚洲森林里的亚洲象在水源上要幸福得多。如西双版纳的亚洲象栖息地就分布着丰富的饮水点。那里位于澜沧江流域，河网密布，随处可汲的河流小溪，实现取水自由，而不必像非洲草原象那样，每年枯水期都要进行一场寻找水源的大迁徙。

中国亚洲象

沐　浴

　　沐浴是亚洲象日常生活中重要的活动之一，形式也非常多样，比如水浴、泥浴、沙浴等，主要是为了降温、清洁、防晒和防虫。

　　亚洲象生活在热带和亚热带地区，体积庞大，皮肤厚实，容易受到高温天气的影响，沐浴可以帮助其降低体温。在炎热的太阳下，为了降低体温，大象会用长长的鼻子吸满水，然后将水喷洒在它们的脊背、颈部和头部。这样还不满足的话，亚洲象会扎进河水中，试图将整个巨大的身躯浸入水中。很多时候水深不够，大象只能将头部和鼻子浸入水中，背部和大部分身体则高高地露在水面上，宛如一座小山。这时聪明的大象会顺势打个滚，让身体的另一侧也浸泡在冰凉的水中。

　　亚洲象也喜欢在泥浆中打滚或者将泥土喷洒到背部、头部等区域。在我们看来脏兮兮的泥浆却是大象的防晒霜和驱虫剂，大象的皮肤容易被阳光灼伤，泥土的覆盖可以为大象提供一层保护，阻挡紫外线的侵害，可以起到一定的防晒作用，减少皮肤受伤的可能性，减少皮肤受损的风险，还可以帮助大象除去寄生虫、细菌和死皮，防止蚊虫叮咬，保持皮肤的清洁和健康。

亚洲象的森林伙伴

　　亚洲象拥有较大的活动区域，且在自然环境中少有天敌威胁，在它们活动的范围内，可以和平共处的野生动物众多。中国亚洲象的分布区，也有着很多珍稀濒危物种与其为邻，有印度野牛、小鼷鹿、穿山甲、水鹿、鬣羚、豹、豺、小灵猫和巨松鼠等哺乳动物，还有绿孔雀、灰孔雀雉、犀鸟、太阳鸟等典型的热带鸟类。亚洲象在寻找食物时会破坏乔木、灌木和草本植物，这促进了新的植物生长，为一些中小型草食动物创建了开阔的环境和食物来源，如原鸡、白鹇等一些鸟类会跟随亚洲象的足迹，因为大象的活动会导致很多昆虫或者植物种子变得更易获得，亚洲象的粪便会为蜣螂等食粪昆虫提供重要的栖息地和营养源。

第二章　亚洲象的生态习性

象　道

如果你到过亚洲象生活的原始森林，你就会理解为什么大象走过的路能称为"象道"。亚洲象被认为是亚洲热带森林的重要"生态系统工程师"。作为大型植食性动物，它们参与了森林的更新和重新塑造过程。它们宽大的身体在林间穿行，并且常常用鼻子和脚挖掘土壤，取食沿途植物，久而久之，一条宽阔的林间大道就形成了。这也能在一定程度上帮助改变森林植被结构，打开空隙，让阳光透进来，有利于小树苗的生长，促使森林更新，对维持生态系统的稳定起到重要的作用。

中国亚洲

象

交 流

　　亚洲象交流主要依靠声音和气味，其发声可以分为吼叫声、啁啾声、尖叫声、低沉叫声4种不同类别。低沉叫声是唯一有次声波成分的发声类型，频率范围为10至173赫兹（次声波频率低于20赫兹，人类听不见），运用场景也最为广泛，包括种内交流、群体聚集、吸引配偶、繁殖竞争、通报危险等场景，且这种次声波能够传播数十千米，对大范围内的协调社群关系和行为至关重要。气味主要源于排尿释放的化学物质和颞窝分泌的分泌物，这些物质能够反映个体代谢、生殖等状况，在竞争和交配中都有重要的作用。如雄象发情期狂暴状态时通过尿液和颞窝分泌物传递的雄性信号在获得交配权中起决定性作用。

硝 塘

　　亚洲象需要盐等矿物质来帮助它们消化各类食物，但它们仅从食物中得到的矿物质无法满足全部的身体需求，因此，亚洲象会在自然环境中寻找富含盐分的水塘——俗称"硝塘"，获取必要矿物质。除此之外，亚洲象会通过食用土壤或含有特殊矿物质的植物以满足身体对特定矿物质的需求。

第三章
行为与智慧

亚洲象的
行为与智慧

亚洲象是一种令人惊叹的智慧动物

它们具有出色的记忆能力和学习能力

研究表明，亚洲象可以解决复杂的问题

如使用工具、合作解决难题等

亚洲象还具有丰富的情感和社会能力

它们以家族为单位生活并相互照应和保护

还能展现出对其他动物的关注和同情

表现出高度的社会意识和情感

接下来，我们将从几个方面介绍亚洲象的智慧和情感

记忆力

"大象从不忘记"

大象拥有强大的记忆力，其海马体和额叶皮层发达。海马体是与记忆存储相关的重要结构之一，而额叶皮层则参与了信息加工和整合过程。相比其他动物，大象的海马体更大，可以存储更多的信息，并且其神经元也更密集。

亚洲象通常寿命较长，可以活到60岁甚至更久。长寿意味着有更多的时间积累和存储记忆，从而记住并识别多年前的地点、事件。这种长期记忆使得它们能够辨别熟悉的环境，并对其做出适应性反应。

此外，大象对于地理空间的认知能力也很强，可以通过记忆地标和熟悉的地形来导航和定位。在复杂多变的环境中，为了适应环境，亚洲象必须记住各种食物的位置、水源的位置以及迁徙的路线等，这也使得它们的记忆力得到了锻炼和加强，亚洲象因此具备了较强的空间记忆和导航能力。

亚洲象可以学习使用工具来满足自己的需求，并能记住这些工具的使用方法。这种记忆技能在野外生存和自我保护中起着重要作用。另外，大象社会结构的复杂性也促进了其记忆力的发展。

亚洲象是高度社会化的动物，它们生活在群体中，需要记住许多不同的成员，包括它们的关系和社会地位。因此，大象需要发展强大的记忆能力来应对这些复杂的社会互动。并通过成员之间的社交交流进行沟通。亚洲象对于其他成员的身份、社会关系和历史行为都有着出色的记忆力。它们能够辨认亲属、朋友和敌人，并根据过去的经验进行交流和互动。这种社会结构促进了知识的传递和文化的积累。亚洲象能够通过观察、模仿和传授的方式将重要的信息和知识传递给后代，从而延续集体记忆。

总的来说，亚洲象具有强大而复杂的记忆能力，这使得它们在适应环境、社会互动和日常生活中表现出卓越的智慧和灵性。

大象记忆力的故事

2007年，英国苏格兰圣安德鲁斯大学（University of St Andrews）的心理学家理查德·伯恩与其他研究人员进行了一项关于大象记忆力的研究。研究发现，大象似乎能够认出多达30头其他大象，并且同时关注它们的活动情况。伯恩解释道："想象一下，当你和你的家人一起在圣诞大促销的百货商店里，要追踪四五个家庭成员的行踪是多么费劲的一件事。而大象需要关注的是它们30头同伴的位置和动向。"为了测试大象的记忆能力，科学家进行了一项记忆力测试。他们在母象面前放置了一些尿液样本，让母象用它们的象鼻嗅闻。当母象嗅到不属于自己族群中大象的尿液时，它们表现出了明显的反应。"大多数群居动物，例如鹿，可能根本不认识自己族群之外的其他同类。但是大象几乎可以辨认出族群内每一头象。"伯恩表示。

伯恩还指出，这种"超群的记忆力"远远超过其他动物，它有助于大象监控家族成员的迁徙、觅食和社交活动。

在美国田纳西州霍恩沃尔德大象保护区，负责人卡萝·巴克利分享了一个关于大象珍妮和新来的亚洲象雪莉的故事。据她回忆，1999年，珍妮首次见到雪莉时非常紧张，坐立不安。

两只大象用它们的鼻子互相打招呼后，雪莉也变得活泼起来，它们好像老朋友重逢一样，情绪激动。巴克利说："它们非常高兴。雪莉开始吼叫，珍妮也跟着吼叫，它们互相查看对方象鼻上的伤疤，我从未见过如此毫无侵略性的紧张场面。"

原来，这两只大象多年前曾有过短暂的交集，巴克利知道珍妮在1999年来到保护区之前曾与卡尔森&巴尔内斯马戏团一起巡回表演，但她对雪莉的背景一无所知。于是她进行了一番调查，发现23年前，雪莉曾和珍妮一同在这个马戏团待了几个月。

为了减少亚洲象对农作物的侵害，自1990年起，西双版纳国家级自然保护区开始尝试使用太阳能电围栏来预防。随着时间的推移，一些亚洲象竟然聪明地学会了一种方法来绕过电围栏。它们会抬起双脚，然后用绝缘的象掌踩在带电的电围栏线上，这样它们就不会被电击，从而轻松地进入农田。这种学习经验让它们深深记忆。即使在20多年后，当保护区不再使用太阳能电围栏时，一些大象仍然坚持并实践着这种方法：只要碰到类似电线的绳索，它们就会用象掌踩过。这根细细的绳索对于它们庞大的身躯来说实际上构不成威胁，但它们一定记得曾经因触碰电围栏线而遭受的痛苦电击。

中国亚洲象

社交能力

　　大象之间打招呼时，一头象会将鼻尖放进对方的嘴里。它们用象鼻彼此触摸，彼此依靠。幼象们一起玩耍，还会爬到休息的年长的象身上。尤其是在幼仔半岁以前，年长的大象能够容忍它们这样玩耍，还会为它们提供帮助和保护。一般情况是，年长一点的青年象或者年轻一点的成年象会成为新生象的"姨母"。如果小象落在象群后面，"姨母"就会等它，并让它躲在自己腹下给它以安慰与保护，如果它摔倒，"姨母"就会用鼻子把它扶起来。有时候，年长的雌象甚至会允许其他幼仔来吃奶。当幼象发出惊叫的时候，家庭里的每一位成员都会作出回应。

　　大象群体中其实有4种截然不同的性格——安抚者、温柔巨人、顽皮者和辛勤工作者。领导者的特性为，拥有团体中最丰富的知识，以及解决问题的能力，并领导整个团体，肩负象群在险峻环境中生存的任务。安抚者扮演类似团体中调解者角色，喜爱透过肢体间的摩擦来安抚其他象只，以达到促进团体和谐、融洽的目的。顽皮者一般是年纪较轻的大象，喜爱逗弄其他大象，为团体带来活力与欢乐。辛勤工作者的工作较严谨，肩负照护未成年小象的任务。

　　和人类一样，大象个体也极其复杂。除了人类之外，大象的额叶是所有陆地动物中最发达的。额叶是大脑中处理和存储信息的部分，这就是大象记忆力惊人的原因。然而，与人类的相似之处并不仅限于此。大象的个性因个体而异，这意味着大象可以是内向的，也可以是外向的。有些非常害羞，有些则非常喜欢社交，而有些是彻头彻尾的混蛋，会伤害人类。大象和人类一样，有能力发展彼此之间深厚而持久的关系，可以和远方的好朋友保持联系，在分开很长一段时间后互相问候。这种关系在很小的时候就开始了，可以持续一生。

活动规律

　　大象怕热，它们对栖息地的温度变化很敏感。夏季，白天气温很高时，它们喜欢躲避在山谷林荫处休息，以避开烈日的暴晒，而通常会选择气温稍低的清晨和傍晚外出活动和觅食。

移　动

　　大象的运动能力很强，奔跑起来速度也很快。由于体形庞大，它不能长时间、长距离奔跑，耐力相比其他大型哺乳动物要差。大象走路时以同侧的腿同时迈步（称"溜蹄"），方式与别的哺乳动物不尽相同，看似有些滑稽。但正因如此，它在移动时可保持最小幅度的重心移动，这也是它虽然具有庞大的身体，但消耗体能却比其他动物低的一个秘密。

大象战斗力

　　大象巨大的体形所向披靡，成年象在森林中几乎没有对手，而且它是非常聪明的动物。傣族人民进入西双版纳初期，为防止亚洲象侵扰，村寨周边地区种植竹子、芭蕉等大象爱吃的植物，亚洲象纷纷前往采食，很少进入村寨。由于村寨周围有亚洲象活动，老虎等一些猛兽也不敢再来。人们认为这是大象在保护自己，因此种植更多的作物供大象食用。故有傣族民间谚语"象靠傣族，傣族靠象"。

中国亚洲
象

交　流

　　大象一般通过声音、气味、肢体等传递信息，其中某些是它们特有的语言。从声音方面来说，它们的声音比较丰富，有低沉的也有高昂的。当它们喉咙发出低沉的轰隆声时，并非代表生气哦，而是代表喜悦与欢快，或是见到好久不见的老朋友时的开心与兴奋。低沉叫声是一种低频次的声音，也就是我们说的次声波。当大象用此种方式交流时，人类是听不到的。从气味方面来说，无论公象还是母象都会散发独特的气味，其中公象的气味尤为明显。大象可以通过气味知道谁是自己的家族成员，也可以通过气味找到彼此。

警　戒

　　每个象群都至少有一头象专职负责警卫，被称为"警戒象"。警戒象在象群活动的时候负责守卫、报警，还包括攻击任务。警戒象一般不参与象群的活动，通常与象群保持一定的距离，当象群面临威胁时，警戒象会立即用声音通知象群，此时，整个象群就会保持高度的戒备。除繁殖季节外，大多数时候在丛林中能听到的野象吼叫声，就是警戒象在发现异常情况时所发出的一种报警声。另外，亚洲象也经常会在取食的地方用象鼻拍打地面并发出低沉的吼声，这多属于一种领地范围的警告行为——让其他象群知道此地已有主人，别靠近！

中国亚洲

象

智　慧

　　大象具备一定程度的自我意识，可以认出镜中的自己。当大象面对镜子时，它们可能会表现出以下行为：触摸镜子，转动头部，检查自己身体的部位，使用鼻子探索自己的特定部位等。这些行为显示出大象能够将镜中的反射与自身身体联系起来，并意识到镜子中的反射是自己。

　　弗兰斯·德·瓦尔和乔舒亚·帕劳特尼克组成了一个研究小组。他们选择在美国纽约布朗克斯动物园（Bronx Zoo）研究三只大象，使用一面镜子作为工具。他们观察到大象在凝视镜子中的影像时会用鼻子进行判断——它们试图辨认镜子中的自己。

　　特别有趣的是，其中一只名叫"乐乐"的大象反复用鼻子接触涂在它头上的一个标记，好像在确认那个反射是它自己。

　　这个实验揭示了大象对镜子中反射的理解和自我认知能力。它们能够意识到镜子中的反射是自己，并通过观察和互动来确认自己的存在。这表明大象在动物界中是具有一定的自我意识和认知能力的存在。

　　在西双版纳国家级自然保护区，16头野生大象在烈日下聚集在野象谷河湾，欢快地玩耍和喝水，一颗椰子从河中漂到了它们的旁边。其中一头小象开始对它产生了兴趣，小象用它的长鼻子将椰子从水中拨到了岸边的沙地上，人们以为小象只是把椰子当作一个玩具球来拨弄，然而，小象似乎闻到了椰汁的香甜味，它用鼻尖不断触碰椰子，试图品尝其中的美味。

　　坚硬的椰壳让小象难以品尝到椰汁，小象思考了一会儿，随后用鼻子扶住椰子，试图用一只脚来踩碎椰壳，但由于沙地太软，一只脚的重量并不足够。于是，小象站起身来用两只脚，甚至整个身体的重量来施加压力。最终，椰子发出了"咔"的一声，椰壳被打开了。小象终于通过自己的智慧和努力品尝到了椰汁的甜美。

　　这个故事令人惊叹，因为小象在没有见过椰子的情况下，表现出了独特的解决问题的能力。这是一种本能行为？还是它通过观察和学习掌握了这种技巧？这激发了人们对野生动物智慧的好奇和思考。自然界中的动物拥有出人意料的智慧和创造力，它们将本能与观察融为一体，尝试适应环境，并尝试解决各种问题。

第四章
象与人

中国亚洲象

中国亚洲象

大象在文化中的地位

大象为什么如此受到欢迎

在不同的文化中

我们能听到关于大象的口口相传的神话故事

能看到大象主题的精美绝伦的艺术品

从古老的神话传说到当代的艺术创作

大象的形象一直是世界文化学者和

各地艺术家的灵感之源

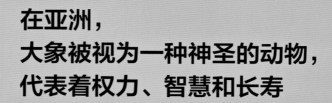

在亚洲，
大象被视为一种神圣的动物，
代表着权力、智慧和长寿

在亚洲文化里，大象被视为一种吉祥物，代表着幸运和长寿。有人可能会好奇，在以前通讯不发达的时候，大象是怎么被广为人知的呢？这就要提到大象的活动范围了。根据考古发现和甲骨文记载，殷商时期的大象也曾栖息在中国黄河流域的中原地区。随着商周时期气候的剧变，北界南移，因此大象开始南迁，并逐渐扩展其活动范围至江淮流域。在春秋战国时期，它们仍然在这一区域内活跃。随着时间的推移，自汉代以后，大象的活动范围逐渐向南迁移到珠江流域的岭南地区。在岭南地区生存了相当长的一段时间后，直到清朝晚期，它们退出了珠江流域，并迁徙至云贵高原。

人类的活动驱逐了大象，以至于很多人认为大象理应生活在亚热带地区。在人与大象接触的几千年中，大象和其他动物相比，地位变得越来越高，而这对大象来说却是一场灾难。

象牙因其独特的材质和稀缺性，曾是珍贵的手工艺原料。古代有很多用象牙或大象骨骼制作的器物，如象笏、象车、象箸、象床、象觯、象尊等。提到象笏或许大家会陌生，不过提到《红楼梦》里形容四大家族的兴盛时，用了一个"满床笏"（笏，古时礼制君臣朝见时臣子拿的用以指画或记事的板子。）的典故，大家就会觉得熟悉。这个典故是说唐朝名将汾阳王郭子仪六十大寿时，七子八婿皆来祝寿，由于他们都是朝廷里的高官，手中皆有笏板，拜寿时把笏板放满床头。

大英博物馆有一件慈禧的象牙扇子，镂空圆雕精美绝伦，有上百个人物，造型各异、鼓乐齐鸣、衣袂飘飘。

故宫博物院里有一张"编织象牙席"，长宽为216厘米×139厘米，是用薄如细竹片的扁平象牙条编成的，其纹理细密均匀，牙丝细薄无比，席面平整光滑。

但是，仅仅为满足权贵阶级对于象牙制品的贪婪，大量野生大象族群遭受了灭顶之灾。

早在1989年，亚洲象就已经和大熊猫、金丝猴、东北虎等96种动物一起被列为我国国家一级保护动物，并被收录至《国家重点保护野生动物名录》中。

根据《中华人民共和国刑法》第三百四十一条规定，非法猎捕、杀害，非法收购、运输、出售大象及相关动物制品将面临五年以上十年以下有期徒刑，并处罚金或没收财产。

一方面是贵族统治者对于大象制品的痴迷，另一方面也反映出为供给大象制品，大象和平民遭受到的剥削。《海人谣》"海人无家海里住，采珠役象为岁赋。恶波横天山塞路，未央宫中常满库。"大意是：海人没有家，天天在海船中居住。他们每天都要出海去采撷珍珠，杀象取牙来缴纳赋税。险恶的波浪翻涌连天，道路全被高山阻隔。皇宫中的珍珠、象牙常常堆满的府库。所以保护大象这样的动物，不去伤害它们，也就是在保护任何一个底层没有权势的生命。

在不伤害大象的情况下，当然也有以大象为灵感的艺术品。

战国前期，嵌赤铜象纹五环带盖壶是一种大型的盛酒器。此壶颈部采用浅浮雕手法铸出一周突起的象纹，象纹简洁而抽象，通过庞大的身躯、长卷的鼻子表现出大象的主要特征。

清代，铜镀金象拉战车乐钟，高70厘米，长136厘米，宽55厘米。此钟造型是一只健硕的大象拉着四轮战车，战车与象背上共载官兵11人。

太平有象瓷尊，象驮宝瓶瓷塑。大象四足直立，侧首回视，双眼微睁，鼻子上卷，两侧突出长牙，双耳下垂，尾巴前拍。背部披挂一元宝形鞍，顶置出戟瓷尊，下垂厚长锦缎。

《乾隆皇帝洗象图》轴，图绘扮作普贤菩萨模样的乾隆皇帝，正静静地目视着众人为自己的坐骑大象清洗躯体。大象则惬意地扭头望着乾隆皇帝。

大象由于身躯庞大、仪态庄严，常被用于仪仗中，显示帝王至高无上的权威，这就是"仪象"。

比如在宋朝"太宗太平兴国六年，两庄养象所奏，诏以象十于南郊引驾"，专门用大象为皇帝引路，以凸显皇权的尊贵。明孝陵神道东段，重达80吨的一对大象石雕作为陪葬景观，寓意国家强大繁荣。

东南亚国家佛教信徒众多，在佛教中大象寓意"菩萨降生"，是佛祖释迦牟尼的象征。白象是菩萨的譬喻，象征着至高的力量和智慧。

095

在非洲，大象是一种与生俱来的文化符号

  在非洲文化中，大象是多个非洲部落的图腾，这些部落中的人们甚至相信他们的首领会转世成为大象。在南非祖鲁语中，大象被称为"恩德洛沃"，这个词也是许多南非人的姓氏。在科特迪瓦的国徽中，中心图案是绿色盾面上的一只白色象头。

在西方，大象通常被视为幸运和吉祥的象征

　　人们常用"幸运象征"来形容大象。在欧洲和美国，大象形象常常被用于商业广告和营销活动中，代表着智慧、坚强和忠诚。同时，大象也是西方文学和艺术的重要主题之一。例如，海明威的小说《像大象一样的记忆》和迪士尼的电影《小飞象》都以大象为主角，展现了它们的智慧和情感。

　　总的来说，大象在世界各地的文化中都扮演着重要的角色。它们的庞大身躯、智慧和情感让人们感到敬畏和亲近。大象不仅是一种动物，更是一种文化符号和人类文明的重要组成部分。

中国亚洲象

第五章
北上南归

引 子

2020年3月，生活在西双版纳的15头亚洲象，在没有任何征兆的情况下，踏上了终点未知的北上之路。它们是为了寻找更适合的食物？是头象迷失了方向？是否与气候变化有关？今后，类似的旅程会不会成为常态？让我们跟随大象家族的北上南归一起揭秘这些疑问。

Elephants' Journey
Record

中国亚洲

象

Elephants

追象人

在中国西双版纳国家级自然保护区的香烟箐村，有一位名叫岩罕陆的退伍军人，他是一名野生亚洲象监测员，也被当地人亲切地称为"追象人"。这里是居民世代生存的家园，也是大象的生命绿洲。

这里生活着超过300头野生亚洲象，它们在保护区内自由穿梭，寻找食物和栖息地。每天，岩罕陆和其他追象人的工作就是穿梭在保护区中，跟踪象群的移动，并将大象的行动情况及时通知当地居民。当象群接近村庄时，岩罕陆就会感到紧张。他知道，大象的到来可能会给村庄带来潜在的危险，所以及时地预警和避让对于保护人类和大象的安全至关重要。不久前，几头亚洲象出现在香烟箐村外的农田边。幸运的是，由于预警系统的提前警报，村民们早已躲避在自己的家中。来访的亚洲象在寻找了一些食物后，不久便离去了，村庄得以保持平安。

然而，保护区面临着新的问题，随着大象数量的增加，它们开始顺着山岭在保护区与非保护区间移动，这样的移动会让大象活动范围与人类居住区的距离不断缩短，以至于大象误入农田和附近村庄的机率会变大。大象和人类的矛盾会再次升级……

出　走

2020年3月，在西双版纳旱季即将结束的时候，一个由16头大象组成的象群离开了自然保护区向北进入了普洱。这是一群从未离开过保护区的象群。但对于常年负责亚洲象轨迹监测的工作人员来说，这样的移动并没有什么稀奇。由于雨季的到来，保护区外的植被开始变得丰富多样，很多象群都会选择在这一时间前往保护区以外，在雨季即将结束时又返回保护区内。

这群初次离开保护区的象群被当地人称为短鼻家族，在离开保护区的第五个月，开始向北迁移。它们离开了熟悉的领地，前往普洱宁洱哈尼族彝族自治县的把边江畔。把边江是宁洱哈尼族彝族自治县与墨江哈尼族自治县的分界线，多年来一直是离开保护区的象群最北端的目的地。在过去的十余年间，从未有象群突破这里。正值雨季，大雨滋润着农田，庄稼逐渐成熟，为象群提供了丰富的食物资源。

而把边江畔的环境对大象来说更是独一无二。西侧的缓坡上，人们开垦了大片农田，种植了丰富的玉米，正好是大象喜爱的食物。也许正是这样的丰收时节，让短鼻家族选择在这里暂时停留下来。

一开始，短鼻家族的行为并没有太多特别之处，按照惯例它们在江边停留的时间不会过长，随后应该返回西双版纳保护区。然而，一个多月后，象群突破了把边江，继续向北进入普洱北部的墨江县。这一举动引起了人们的关注和好奇，为什么短鼻家族选择继续往北探索，而不按照往年的移动路线返回保护区呢？

跟踪监测象群的追象人此时感觉这群象的行为可能有些异常，然而更令人不可思议的是，在这个陌生的环境里，在迁移的路途中大象家族迎来了一位新成员。也就是说大象家族出发的时候，大象妈妈就已经到了孕晚期，这头重达100千克的小象已经在妈妈的肚子里待了22个月，经过分娩，一只小象诞生了。

新生的小象需要尽可能地跟上象群的步伐，虽然亚洲象在这片土地上12年没有天敌，但对于刚出

生的小象来说，它们还有很多东西要学习。在亚洲象家族中，繁衍和抚育幼象是母象的首要任务。在小象出生后的四个月里，母象需要在迁移过程中教导小象寻找食物、游泳等一系列生存技能。

小象降生前，短鼻家族向北迁移了超过200千米的距离，而在小象降生之后的四个月内，这个迁移距离缩短到不足70千米。整个大象家族都在保护和引导幼小的象宝宝成长。

在象群中，年长的成年象和其他母象会密切关注新生的小象，提供保护和指导。小象会模仿母象的行为，学习如何使用鼻子觅食、拔起植物和与其他成员互动。游泳也是小象需要掌握的重要技能，母象会在浅水中引导小象体验游泳的乐趣和技巧。

这种传承和教育的过程是亚洲象族群中不可或缺的一部分。它确保了新一代的象宝宝能够适应环境保留生存下来，这种家族的关爱和教育不仅仅发生在象群迁移途中，而是贯穿于整个象群的生活中。2021年3月28日，短鼻家族中的第二头小象诞生了。此时，距离短鼻象家族迁移已经过去了一年零一个月，这个家族已经离开了保护区，来到了玉溪市。

这是亚洲象首次将它们的足迹踏入西双版纳、临沧和普洱以外的地区。这一突破性的迁移行为引起了大量科研工作者的关注，他们开始深入研究短鼻家族的行为，这次向北的迁移已经超出了人们对野生亚洲象的认知范围。关键的问题是，现在很难预测短鼻家族接下来的行动。它们会选择向南返回保护区吗？还是继续向北前进？

越线

短鼻家族在元江南岸逗留了整整一个月，它们的到来迅速吸引了当地居民的注意。尤其是在"五一"假期期间，人们纷纷前往元江江畔，围观这些在水中嬉戏的大象。尽管监测象群活动的工作人员与当地警察一再劝阻，也无法阻止人们对大象的观赏热情。

中国亚洲
象

　　尽管进行了监测和疏导工作，但人类围观对象群产生了不可避免的影响。人们的存在和活动可能会扰乱大象的自然行为模式，甚至对它们的生存环境造成一定的压力。大象作为敏感的生物，对外界的干扰会做出攻击行为以保护自身。

　　2021年5月11日的晚上，没有任何预兆，短鼻家族再次开始了旅程。它们选择了向北继续前行，而不是返回南方的保护区，这突如其来的决定预示着大象的迁移将进入一个新的、更具潜在危险的阶段，每一步的北上对于大象来说都是踏上全新的未知领域。

　　从未有人见过这样的大象迁移场景，媒体对此事件的关注也愈发热烈。在中国，大象的迁移在电视上全天候直播，在世界各地，越来越多的人开始关注这一极不寻常的事件。180多家国外媒体发表了3000多篇报道，总点击量超过了110亿次，大家都在思考为什么这些大象要在未知的地方进行如此漫长而艰难的旅程。

　　然而，对于监测人员和当地政府来说，面临的是一个难题。一方面，民众热情高涨，希望亚洲象能够到达他们的家乡，但他们缺乏防控大象肇事伤害的经验；另一方面，亚洲象体形巨大，具有巨大的破坏力，并且离开了它们固定的栖息地，监测人员无法准确判断象群前进的方向。一旦没有及时发出警告，当成群的野象与热情的民众相遇，后果将不堪设想。

中国亚洲
象

分裂

恰好在这个时候，象群中的两头雄象达到了成年阶段，它们的基因开始发挥作用，向自身发出信号，告诉它们是时候离开群体了。

雄性大象在成年时会自行脱离照顾它们的象群，以避免近亲交配的风险。它们要么独自行动，要么加入由其他年轻雄象组成的松散团体，被称为"单身汉"俱乐部。

这两只兄弟象并不想继续向北进入陌生的领地，于是决定完全改变方向，它们返回南方，目的是回到安全和熟悉的保护区。

而短鼻家族则继续向北前进，离开了它们习惯的生活区域，它们似乎感到不安。在接下来的一个月里，象群向北移动超过了300千米，几乎是之前一年的总路程。

中国亚洲象

有一次，人们给了短鼻家族一卡车水果。大象们非常渴望食物，它们迫不及待地想要享用这些水果。结果，象群强烈地推倒了卡车，开始狼吞虎咽地吃起来。虽然没有人受伤，但这一事件提醒了人们大象的强大力量。无论它们看起来多么温柔可爱，它们仍然是野生动物，与它们互动时必须极为小心谨慎。

2021年5月25日，短鼻家族抵达了云南省玉溪市峨山彝族自治县。然而，它们发现自己似乎陷入了困境，没有任何可行的道路可供选择。峨山县地形独特，两侧是高山环绕，县城则位于两山之间的谷地，使得象群很难找到绕行的路线。在峨山县城南侧的山坡上，短鼻家族徘徊了近一周的时间，随后，它们勇敢地选择了下山穿过县城，继续前进。

2021年5月29日，短鼻家族已向北行走了15个月，此时的它们踏入了云南省省会昆明的市郊，距离市区不足100千米。护象小组面临着一个艰巨的任务：如何在确保人象安全的前提下，成功将短鼻家族引导回保护区。由于昆明周边地区人口密集、交通网络复杂，因此，目前最优的解决方案似乎是通过人为干预将这些大象送回普洱和西双版纳地区。

为了引导大象离开昆明并让它们返回保护区，护象小组付出了巨大的努力。当地居民自愿提供帮助，他们将村庄的大门挡住，并在小径上铺设了玉米和其他食物，以鼓励象群改变方向。然而，短鼻家族并不听从引导，继续向北进山。

尽管已经如此接近城市，但人们仍然希望通过引导让大象自发返回保护区。在象群进入昆明市区后的一个多星期里，人们不断尝试引导它们南归，但都以失败告终。随着象群的迁移，封堵象群的防线也不断转移。

6月7日，象群到达了昆明市晋宁区夕阳乡，与人口密集的地区只有一条公路的距离，这是人们最后的防线。

人们很快发现昆明干燥凉爽的气候令大象感到不舒服，它们似乎终于意识到这个地区的环境对它们不利。人们担心大象可能会进一步接近市区，因此展开了一项重大的后勤工作以防止这种情况发生。昆明市晋宁区当局派出115辆应急车辆、14架无人机以及数百名人员来协助完成任务，为了阻止大象四处觅食，人们运送了大量的水果和蔬菜，满足它们的食欲，当地卡车司机用车辆作为路障，帮助引导大象走向正确的方向。

遣返

在大家以为象群会按计划安全转向南方返程时，发生了第二次分裂，一只年轻的公象选择独自徘徊。

这只公象的性格有些调皮，它似乎并不着急回家，漫无目的地游荡了几个星期。它闯入田地和农舍，连根拔起一棵巨大的棕榈树，甚至在鱼塘里入眠，它还破坏了一户人家的铁门，偷走他们的玉米。这只年轻公象持续造成了32天的混乱，护象小组对它的行为越来越担心。如果让这种情况继续下去，将无法估计会带来多大的破坏，也不知道它的行为会对任何接近它的人造成多大的危险。此外，它还在几乎没有天然植被供它食用的地区游荡，而低温环境也对它不利。

最重要的是，这头出走求偶的大象不知道，这个地方没有其他大象，年轻的它注定无法找到配偶。

这只顽皮的公象似乎完全没有意识到自己的破坏力，只是想进入不同的村庄，寻找食物，并和任何引起它兴趣的东西玩耍。护象小组决定采取行动，在村庄架设电网，希望在不伤害大象的情况下迫使它改变方向，可惜大象并没有按护象人员的计划撤离，于是只能选择以麻醉的方式把它运回。麻醉一只体重超过两吨的成年亚洲象极为困难，这项任务将由中国唯一的亚洲象麻醉师保明伟来完成。

保明伟是一位备受赞誉的"大象医生"，作为西双版纳野象谷景区的高级兽医师，他致力于保护野生亚洲象并拯救濒危动物近20年，参与过近30次野外亚洲象的救助和麻醉。他独自钻研，自行制作麻醉吹管和改装注射器，使他能够准确地实施麻醉，即使在20米远的距离也能取得100%的成功率。

保明伟不仅在救助工作上做出了卓越的贡献，还在亚洲象的繁育、科学研究和科普宣传等方面发挥着重要作用，他成功地进行了9次人工辅助繁育。

"根据动物体重确定麻醉剂量非常关键。用药过量不仅会浪费药品，还可能导致大象在麻醉过程中死亡。用药过少则无法保证工作人员的安全。"

保明伟的团队在西双版纳已经工作了20多年，成功拯救了许多大象，通过持续观察、摸索和实践，他们逐渐提高了救助大象的技能。

为了确保麻醉过程的顺利和安全，监测小组进行了大量工作。他们根据这只公象的活动轨迹规划了多个麻醉地点，并制定了详细的麻醉计划。

7月7日凌晨，这只公象来到玉溪市郊的一个养殖场，这也是监测小组预定的麻醉地点之一。当它进入养殖场时，事先隐藏在那里的保明伟成功地对它进行了麻醉。随后，工作人员将它装载到卡车上。

下午，它被送回了西双版纳的勐养子保护区，这只年轻的公象是"短鼻家族"中唯一被强行送回保护区的大象。

回 归

独象已被人们遣返回了保护区，而群象却依然行进在南返的路上。返回西双版纳的路程与出走的路程大致是一样的。但由于大象已经熟悉了道路，并且监测小组提供了额外的指导，因此象群返回所需的时间要少得多。监控人员继续采用他们成功的策略，用卡车封锁道路并沿途铺设食物。这确保了象群不会误入森林并能够始终朝着家的方向前进。

中国亚洲象

就在所有人都认为象群将会平安返回保护区时，意想不到的事情发生了。新平彝族傣族自治县与元江哈尼族彝族傣族自治县的交界之处，象群并未按照人们规划的路线行进，它们走上了一片陡峭的山坡，驻留在了山顶且无法掉头。这急坏了护象小组的每一个人，自元江向北，短鼻家族能够在野外获得的食物越来越少。

为了让象群平安地走下这个陡峭的山坡，护象小组调来了9台挖掘机，希望为象群开辟出一条新路。而在这个过程中，象群只能驻留在这个天然食物稀少的山顶上。人们不眠不休地工作了七天，一条坡度较缓的小路，被人为地开掘了出来，并在路上放置了用来引导的食物。也许是被路边的食物吸引，也许是被困在山顶时间太久，象群按照人们挖掘出的小路开始缓缓下行，这让所有人都长舒了一口气。

大象继续回家的归程，8月7日到达了熟悉的元江岸边，然而，它们即将面临一个意想不到的巨大问题。当大象群北渡元江时，正值雨季汛期，河水已暴涨至它们无法安全渡过的高度。由于有两头不到一岁的幼象，象群不得不在元江北岸停下来确保安全，几头成年象数次尝试渡河，但都未成功。

监测小组评估后得出结论，唯一的解决办法是鼓励大象走过元江大桥，但这需要一些巧妙的策略。首先，他们将数十辆大卡车停在引桥上，将大象围住，以防止它们逃脱并误入附近的村庄。然后，他们在桥上放置玉米和其他食物，希望吸引大象走上桥。最终，在2021年8月8日晚上8点，象群成功地走上了桥，顺利地渡过了元江。

渡过元江后，短鼻家族似乎感受到了熟悉的气息，迫不及待地想返回保护区。一个月后，短鼻家族到达了西双版纳国家级自然保护区的范围。它们安然无恙，身体状况良好，生活很快恢复正常。这次旅程令人惊叹，对于所有目睹者来说，都将是一次难忘的经历。

2021年8月17日，国家林业和草原局与云南省人民政府在昆明召开了北移亚洲象群安全防范工作总结会议，标志着历经120多天的北移亚洲象群安全防范和应急处置工作圆满完成。据统计，短鼻家族在西双版纳保护区外造成的经济损失高达500余万元，这可是一场"豪华"旅行啊。不过，这只是象群北移南归旅程中的冰山一角，全程还有跟拍师，他们参与了跨越8个县、20个城镇和村庄的大规模后勤工作，监督了3000多次无人机飞行。过去几十年来，保护区在增加大象数量方面取得了巨大成功。然而，种群数量的增长并没有与栖息地提供的食物供应相匹配。此外，西双版纳国家级自然保护区的森林覆盖率已从20世纪80年代的88%提高到今天的95%以上。尽管这些更茂密的林地为大象提供了良好的遮阴和庇护所，但它们也导致林下植被难以茁壮成长，而大象正是依赖这些植被才得以生存。

2021年，我国建立了一系列国家公园，旨在保护我国独特的自然遗产。在西双版纳建立这样一个国家公园将确保大象和那里的所有动植物永远受到保护。令人期待的是，西双版纳热带雨林亚洲象国家公园已经列入计划，预计将在"十四五"期间建成，那个时候大象们的家园将焕然一新。

129

中国亚洲象

第六章
迁移的追问

亚洲的野生大象只有亚洲象一种

数量仅约 4.5 万头

加上全世界人工饲养的约 1 万头

数量仍然稀少，而且从趋势上看

亚洲象的种群数量波动变化已成共识

除了盗猎之外，亚洲密集的人口和快速发展的

农业压缩着亚洲象的栖息地

随之而来的人象冲突也给亚洲象的

生存带来了巨大的压力

亚洲象是中国国家一级保护野生动物

目前《世界自然保护联盟濒危物种红色名录》中亚洲象的

保护状况为"濒危"

人象冲突和大象保护

象和象护

西双版纳国家级自然保护区
Xishuangbanna National Nature Reserve
野生亚洲象食物源基地
Pilot of Food Source Development for the Wild Asian Elephants

大象研究的现状

  人类对大象的研究已进行了数十年，旨在探索它们的分布范围、种群数量生态习性、行为和生理特征等问题。在过去几十年里，大象研究取得了重要进展，科学家们证明了大象是高度社会化的动物，拥有复杂的社会结构和文化传承。此外，大象还展现出惊人的记忆力和智力水平，能够解决复杂问题，如使用工具和理解人类语言等。

  大象研究还涉及保护和管理，过去一个世纪以来，大象数量减少了近90%。为了保护大象，许多国家采取了保护行动，包括建立野生动物保护区、宣传教育、监测和管理等，这些措施对于大象的保护和恢复至关重要。

大象研究的最新进展

　　近年来，大象研究取得了一些重要的进展。例如，科学家们使用
DNA技术来了解不同亚种之间的遗传差异，这有助于保护和管理大象。
此外，科学家们还使用卫星技术来监测大象的迁徙和栖息地，以及帮助
野生动物保护区管理大象的数量和行为。

　　最近，科学家们还使用虚拟现实技术来了解大象的行为和生活区生
态系统。这项技术可以让人们身临其境地了解大象的生活，而无须亲自
前往野生动物保护区。相信这项技术的使用可以帮助人们更好地了解大
象的行为和生态习性，从而更好地保护和管理它们。

　　大象的保护和管理需要多学科专家的合作，包括生态学家、保护生
物学家、地理信息科学家和管理者等。这些领域的专家可以共同开展大
象的研究，以制定更好的保护措施。

大象研究的未来发展趋势

　　未来大象研究将利用更多的技术和方法，如基因编辑和人工智能，来深入了解大象的生物学和生态学特征，以促进对其保护和管理。此外，大象研究还将借鉴更多的跨学科研究方法和内容，包括生态学、社会学、心理学和文化学等领域。这将有助于我们全面了解大象的生态和文化意义，进而更好地保护和管理它们。大象的保护和管理需要长期和可持续的投入。同时，我们也需要加强对大众开展关于大象的宣传教育，让更多人认识到大象的重要性和保护意义。

　　大象是地球上最为重要的生态系统工程师之一，也承载着丰富的人类文化和历史。大象研究的现状和最新进展表明，我们已取得了重要进展，但仍需更深入研究以保护和管理大象。

保护，

只为尊重

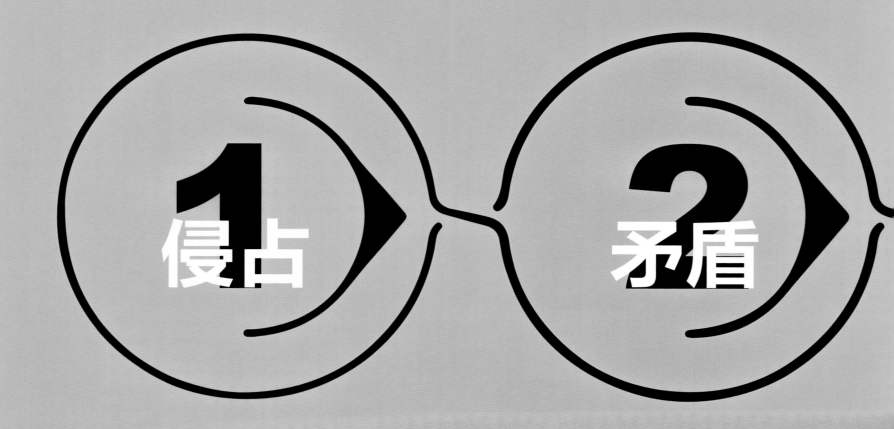

亚洲象生存空间逐渐被人类侵占

由于人口不断增加和社会经济的快速发展，导致森林面积急剧减少。特别是现代化建设，如高速公路和水库的修建，使森林遭受到严重的破碎和孤岛化。近年来，橡胶、茶叶等经济作物的市场价格不断攀升，刺激当地村民大规模开发种植，造成了严重的森林资源破坏，导致森林面积迅速减少。在这种情况下，食物短缺成为亚洲象面临的严峻问题，迫使它们不得不走出森林，到周边农地觅食，导致人类与象之间出现了相互争夺生存空间的局势。

亚洲象爱上了田地里的"自助餐"

亚洲象从森林走进了农民们种植的田地里，发现原来食物可以如此集中，不用长途跋涉去采摘，而且这里的食物热量更高，更美味，像是甘蔗、玉米、香蕉都比原来在树林里吃竹子和叶子好吃多了，于是它们的饮食习惯也逐渐发生了变化，大象们因为超长的记忆力，所以每当它们标记过哪块地里有好吃的，第二年还会成群结队地来大吃一番。由于象群践踏导致农民们颗粒无收，加剧了人象之间的矛盾。

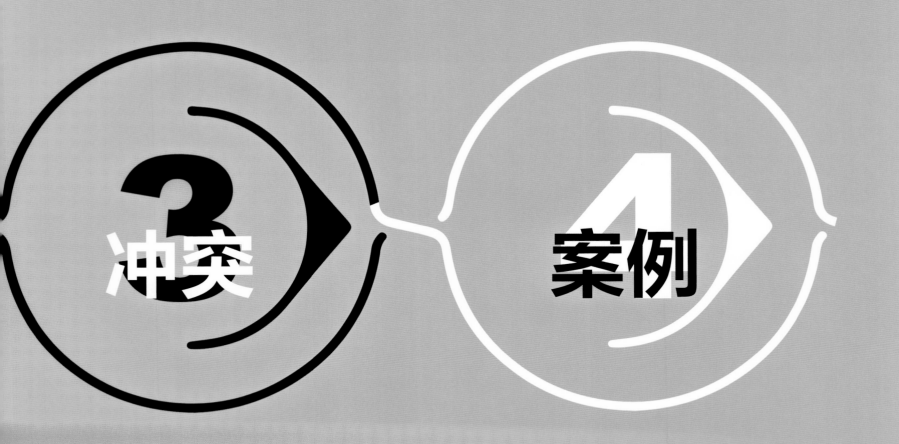

人类驱赶亚洲象

　　亚洲象在庄稼成熟季节进入农作物区采食，严重影响了当地村民的生产生活，为了保住庄稼，村民采取了吼叫，放鞭炮、敲锣击鼓、电网等多种方式来驱赶亚洲象。亚洲象是警惕性很高的动物，它们被这些声音吓到以后为了保护自身，会横冲直撞驱赶人类，这期间就发生过大象踩踏村民的悲惨事件，而且大象拥有超群的记忆力，一旦它认为人类的攻击行为，这个画面就会根植在它的记忆里用不抹去，并且它还会告诫象群里的其他大象，人类是我们的敌人，见到他们以后要采取报复行动。与此同时，周围的村民也被象群的不定时出没搞得人心惶惶。

"土匪进村"象

　　2023年云南普洱纳吉村发生一群野象"洗劫"村庄的事件，20多头野象进入村庄后，不仅把房子拆了，还吃粮食，甚至攻击正在采茶的一家三口。大象自从知道农田里的美食可以自由采摘后，它们开始频繁造访普洱纳吉村，给村民带来了巨大的经济损失。这些巨大而强壮的生物不仅会掠夺村民的粮食。还会用它们强大的力量撞毁房屋和破坏基础设置，如遇见人类则会猛然进攻。当下，人类与亚洲象之间的矛盾日益加剧，迫使大象不得不接连涉足人类的领域，人类也不得不直面庞然巨物，这种接触不可避免地导致了一系列伤人事件的发生。为了减少人与亚洲象之间的冲突，我们需要采取综合性的措施，加强自然保护区的管理和监测，推动可持续的土地利用规划，提高公众对野生动物的教育和意识，以及制定相应的政策和法律保护措施。只有通过与亚洲象的和谐相处，我们才能实现人类与自然的和谐共生。

　　大象保护是一个全球性的问题，需要全球范围内的合作和共同努力。采取野生大象保护、人工繁殖、救助和监测等措施，可以有效地保护大象、维护生态平衡保护生物多样性。我们应该共同努力，为大象保护做出贡献，让它们在地球上继续生存下去。同时，大象保护也需要各国政府和社会各界的支持和努力，共同推动大象保护事业的发展。我们相信，在全球范围内人们的努力下，大象的生存和繁荣将得到更好的保障。

大象保护的现状和措施

　　大象是世界上最具有感情和智慧的陆地哺乳动物之一，但是它们面临着巨大的生存威胁。野生大象数量的急剧减少已成为一个全球性的问题。由于栖息地的破坏、非法贸易和狩猎等原因，大象在许多地区的数量已经减少到了濒危的程度。因此，大象保护已经成为全球关注的焦点。

野生大象保护

　　野生大象保护是大象保护中最重要的一个方面。大多数野生大象生活在非洲和亚洲的热带地区，它们是森林和草原生态系统中的关键物种，对维护生物多样性和生态平衡起着重要作用。最有效的野生大象保护方法之一是保护它们的栖息地，这意味着要保护大象所生活的森林和草原，以及它们的食物和水源。同时，应该加强野生动物保护区的建设，尽可能地减少人类活动对野生大象的干扰。另外，需要加强对非法狩猎和贸易的打击，保护野生大象免受偷猎者和走私者的侵害。

　　在野生大象保护方面，各国都已经采取了一系列措施。例如，在非洲，许多国家已经建立了大型的野生动物保护区，来保护野生大象及其栖息地。在亚洲，印度等国家制定了大象保护计划，通过加强执法和宣传教育等方式保护野生大象。

中国亚洲象

人工繁殖

  人工繁殖是保护大象的另一个重要措施，随着野生大象数量的不断减少，人工繁殖成为保护大象的必要手段。人工繁殖可以帮助增加大象的数量，并且可以帮助保持种群的基因多样性，人工繁殖可以通过多种方式实现，例如，人工授精、胚胎移植和人工孕育。通过这些方法，可以提高大象的繁殖率，促进大象种群的恢复。不过大象是高度社会化的动物，其社会结构和行为是基于自然环境中的各种因素形成的。人工繁殖可能导致幼仔与成年大象的正常社会互动和学习过程受到影响，对其行为和社会结构产生不利影响。

  例如，在野外，婴幼象通常在一个多代大象家族的群体中生活，并从成年个体中学习社会行为和生存技能。然而，在人工繁殖环境中，幼象可能被隔离或与成年大象分开，无法获得正常的社会学习机会。

  在野外，大象群体的社会结构是复杂的，由不同的个体组成，包括成年雄象的领导地位、雌象的家族关系以及年幼象的地位和社交关系。然而，人工繁殖可能导致大象群体中的社会结构不稳定，因为幼象无法正常地参与社会秩序的建立和维持。

救助和监测

救助和监测是大象保护的另外两个重要方面。救助通常是指对受伤或病弱的野生大象提供治疗和护理。监测是指对野生大象进行跟踪和记录，以便了解它们的活动范围、行为和数量等信息，通过监测，可以及时发现问题并采取相应的措施，从而保护野生大象。在救助和监测方面，各国也已经采取了多种措施。例如，许多野生动物保护组织会对受伤或病弱的野生大象进行治疗和护理，以帮助它们恢复健康。通过对野生大象进行监测和记录，来了解它们的数量和行踪，从而采取相应的保护措施。

Elephants 象

了解亚洲象，是为了更好的保护亚洲象。

在本书的最后，

通过《大象为何重要》篇章以文化随笔的形式

梳理亚洲象的旅程、回顾迁移的历史、

探索中国环境史，

并在一定程度上解读人与亚洲象的新的互动模式。

文 / 刘东黎

大象为何重要

时至今日
人们仍在思考、
猜测着野象北移的
动机和目的

2020年3月，生活在西双版纳的15头亚洲象，在没有任何征兆的情况下，踏上终点未知的漫漫长路。

它们是勐养保护区里赫赫有名的"短鼻家族"。它们从密林中走来，也是从洪荒时代走出，步履间依然留存着荒野王者的气度。它们是地球上唯一没有天敌的动物，除了人类。它们穿越密林，一路向北，翻山越岭，如履平地，迁徙能力之强令人咋舌。

专家学者们也无法精准判断象群北上的终点在何处，气候、食物、水源能支持它们走到哪里，一切都需要一步步地监测、评估。

行进在海拔爬升的路途中，其间两头小象出生，三头折返。最终野象在2021年6月2日晚间，历史性地抵达昆明地界。在人类的谋划推动下，这群大象一路南下，8月8日，跨过玉溪元江大桥。故园湿热葱茏的密林就在前方，这场历时一年半的奇幻旅程迎来终点，人象平安。经历了漫长的流浪，万物复归原位，各得其所。

然而，时至今日，人们仍在思考、猜测着野象北移的动机和目的。

它们是为了寻找更适合的食物？是头象迷失了方向？是否与气候变化有关？今后，类似的迁移会不会成为常态？

也有可能是野生大象固有迁徙本能的一次觉醒？毕竟，亚洲象迁移自古以来都是常见现象。

野生动物有迁徙本能，鸟类也在迁徙，非洲大草原的很多哺乳动物也在迁徙，还有更多体形更小、更不引人注目的野生动物，都在努力找寻着自己的生存空间。在非洲草原上，在干旱季节，野象也会往水草丰美的地方迁徙。一旦动物失去迁移能力，种群生存力会快速下降，严重时甚至可能局部灭绝。

引起迁移的原因很多，包括食物资源出现短缺、在社群和领域中处于劣势的个体被驱逐、幼仔长大被亲代驱逐、躲避天敌、追寻配偶、自然环境与气候条件的反常变化（如生境灾变或环境污染等），有进有退是种群行为的常态，它们只是延续着自然界持续千百万年的野性、自由和被生存本能完全驱动的单纯。

英国历史学家伊懋可在其《大象的退却》中，通过一个动物种群（亚洲象）的迁徙管窥中国环境史，让人们意识到，大象跨越数千年、从东北撤向西南的退却之路，对应了森林和植被的变迁，正是中国人定居的扩散与强化的反映，与华夏民族定居范围扩大和农业生产集约化几乎同步。

参与了大象北巡的具体工作，我对伊懋可的思想和观点有了新的领悟。如果把野生动物的迁移，简单的归结为人象之争或环境破坏，有趋于偏激而背离客观真实之虞，生命的故事是复杂的、多样化的、出乎意料的。所有异象都有因果，有漫长的时间线。我试图回顾大象迁移的历史，努力看清它们本不为人类所熟知与关切的命运。

前寻：在历史云烟的深处

上古时期的舜帝，有一个同父异母的弟弟就叫象，他曾经屡次陷害舜，后来却被舜的道德力量所折服，最终"舜封象于有鼻"（《汉书》）。应该说，这则神话隐晦地反映了人与野象斗争的过程。舜感化象，实际上讲的就是人类驯服野象的历史。在后世民间，这个传说还进一步成为舜帝"孝感动天"的象征，"舜耕于历山，有象为之耕，有鸟为之耘。"

"驯化本就是一个共生的过程，是动物和人类共同努力的结果"（莱恩·费根，《亲密关系：动物如何塑造人类历史》）。驯化后的野象极为忠诚，它们任劳任怨，表现出非比寻常的亲人类甚至亲社会性。象足踩踏农田、象鼻汲水洒地，比之耕牛，能大大提高耕作效率。比之"老虎与人"，人与象更能成为人类与野生动物关系的上古缩影。在雨林中，象群会推开高大的乔木，开辟林窗，寻找合适的食物。

大象的智商相当于6至8岁的人类孩童，它们能精准记住大面积区域内食物和水源的位置。它们有着独特的思维能力，记忆是它们的地图，经验是它们的智慧。

大象在寻找水源的路上会留下粪便，荒野中迷路的人类也会受益，它们沿着粪便走，就能找到水源。

"有野象为猎人所射，来姑前，姑为拔箭，其后每至斋时，即衔莲藕以献姑。"（《抚州临川县井山华姑仙坛碑铭》）

古人也认为象具有仁慈宽厚、朴实稳重、忠实正直的品质。《太平广记》中记载："安南有象，能默识人之是非曲直。其往来山中，遇人相争，有理者即过；负心者以鼻卷之，掷空中数丈，以牙接之，应时碎矣，莫敢竞者。"这就又具有因果报应的思想了。

森林中的退隐

据《吕氏春秋》记载："商人服象，为虐于东夷"，这说明当时黄河流域还生活着众多大象。另外，河南省的简称"豫"字，就是一幅人牵大象的象形画。不过按伊懋可考证，在周代时，大象就已经从河南北部，退到了淮河北岸。这在很大程度上受气候变迁的影响。在西周时期，气候还比较温暖，大象在中原地区相当活跃，然后气候逐渐趋向寒冷，直到两晋时期达到冷期的极值，然后开始回暖，到唐朝时出现间冰期，在长安还可以看到橘树，之后一直趋冷，直到明朝达到了峰值。

唐代是大象从长江流域消失的一个重要时期，从唐人笔记小说中，我们能看到长江流域有象出没的记载，但实际上在隋唐时期，象生存的地区已经主要集中在岭南、云南和安南一带了。

"元嘉六年三月丁亥，白象见安成安复"（《宋书·符瑞志中》）；"永明十一年，白象九头见武昌"（《南齐书·祥瑞志》），"天监六年春三月庚申，陨霜杀草。是月，有三象入建邺"（《南史·梁本纪上》）。

宋太祖建隆三年（962年），有大象从长江流域的黄陂县（现武汉一带）出发，经过长距离的漫游和迁移，到达了南阳盆地，其间甚至在江北的南阳市过冬。宋太祖乾德五年（967年），又有大象漫游至京师开封，最终被捕获，饲养于玉津园中。以上两例均发生在宋代农业开发力度加剧的时期。当时亚洲象在长江流域已极为罕见，游走迹象也并不活跃，以至于几个特例被写入正史。

明朝万历年间，曾经出任云南参政的福建人谢肇淛，在记录风物掌故的《五杂俎》中曾写过："滇人蓄象，如中夏畜牛、马然，骑以出入，装载粮物，而性尤驯。"

清晚期后，珠江流域的亚洲象趋于灭绝。历史是一个连续的过程，变化也是在连续逐渐积累中生成的。到19世纪30年代，广西十万大山一带的野象灭绝。从此，野象退缩到云南的崇山峻岭中。

西双版纳是古代"百越"的一部分，亦谓"滇越"。"百越"曾有"乘象国"之称，如今又成为亚洲象最后的世界。这样看，大象的确是一路退却的。如此庞然大物，如此强势的物种，在与人类的斗争中逐渐败退，退出了人烟稠密的人类生存区域。它们躲避弓弩，躲避兽夹，躲避锯断它们牙齿的利刃，躲避冰冷的铁笼，最后反正是见人就躲，也有少数情况之下，它们会发起凶猛的、集团式的绝地反击。

荒野上的环境史

有时会想，大象从雨林出发，向人烟辐辏的大城市进发，最终重返家园，这本身就是一个意味深长的佛家公案。它们风尘仆仆的行者姿态，像极了在人类居住区与野生动物栖息地之间的苦修者与摆渡人。

"道"者，道也，在云南的深谷中，大象走过的地方可能形成一片开阔地，它们在雨林中创榛辟莽，断树扯藤，闯出的通道即为"象道"。

在保护区内，森林保护力度增大的同时，也带来了高大乔木，而这从来就不是大象的食物。植物发展得太好，顶冠层高大树木形成了很高的郁闭度，影响了大象赖以维生的林下食物生长。在丛林里，大象会本能地推倒几十厘米高的树木，不让这块地方成林。对它们而言，林木不能太密。太阳基本照不进去的那些地方，大象是不会去的，进去了也要开路。

它们大开大合，席地幕天，在自己开辟的道路上信步由缰，走州过县如若等闲。烟涛微茫，云霞明灭，大自然每时每刻都在徐徐变幻。中华哲学的最高范畴——"道"，就藏在恍惚混沌的"象"里。

不同历史时期和不同文明背景下的人类，选择了不同的与周边环境相互作用的方式，我们还是应该尽量避免激进的环境复古主义立场，避免令人消沉沮丧的环境原罪论，以及东方主义的偏仄视角；不必执拗地认为人类自诞生以来，或是在某种文化传统之下，只能一直对环境施加恶的影响。从现在的情况看，人类多少是怀着一点负罪的心态，已经在努力尝试修补与野象的关系，多少也突破了一些人类中心主义的框架。

亚洲象的命运也发生了转变，从全球范围来看，由于非法猎杀、栖息地减少等原因，亚洲象的数量在过去一百年里下降了90%。与此同时，中国境内的亚洲象数量从20世纪70年代的146头上升到如今的300多头。人们都也希望，大象从此找到了自己的家园，从此不必再退却，而是能随心所往，恬然安居。

"无穷的远方，无数的人们，都和我有关"（鲁迅，《"这也是生活"》）。这正是环境史的要义，正所谓"法不孤起，仗境方生"。有一种造化的力量在塑造自然，这个力量就是共生，共生的原则就是互利。蝼蚁稊稗，无处不在，世界历史上从未有过纯粹的人类时刻，万千物种共同出演着大自然导演的生命大戏。

中国亚洲
象

寻归家园

对于这次出走的象群而言，它们从始至终均在监测范围内，一路有人照料，没有食物匮乏之虞。相比于森林中的食材，人类一路提供的农作物热量更高，也更可口。不止短鼻家族这个象群，云南亚洲象整体都在人类的宠爱下，正在逐渐改变食性。这是一个多少令人有些苦恼又难以立刻改变的事实。

"人象平安"。在这个夏天里，可以说字字千钧，浸透着很多很多人的心血与汗水和分毫不敢松懈的努力。

引导象群回归，目前似乎也只是一个权宜之计。回到保护区，它们可能仍然要面临食物短缺、栖息地不足的问题，也许有一天，它们会心血来潮，再度出发，去寻找新的栖息地。

休谟说，没有一个科学家有能力从逻辑证实，明天的太阳一定会升起。没有人能够决定下一次象群迁徙的起点，但爱心与关怀，最终将决定它们未来前行的方向。

随着生态环境进一步趋好，亚洲象种群数量仍将继续增长，它们需要更大更适宜的"家"。

西双版纳热带雨林，是地球北回归线沙漠带上极为难得的一块绿洲，被称为动植物基因库，庇护着万千动物与人类。在走过漫长时光后回望，或许这里将是无数个生灵故事迁移的起点。潮湿的河谷弥散着夏天的味道，月光宁静，溪流清澈，仿佛梦里家园。在这里，人类与自然世界之间的界限开始变得模糊。

我在这片湿润多雨、植被繁茂的土地上行走，到处都是高耸的山脉与密集的河流。我感受着岁月深处的苍郁气息，感受着千年以来亚洲象在这里不停迈动的脚步，葱茏与清澈的风景之中，心里非常静谧。

亚洲象对空间的需求和它们的食量一样巨大，人类在设立保护区过程中，可能忽略了缓冲区的建设。

高速公路、水电站、电网设施横贯而过，人象混居的状态隐藏着冲突和风险。经济林大面积种植，提高了森林覆盖率，但却侵蚀着原有天然林，加剧着动物栖息地碎片化。

云南的高天流云之下，有着丰饶神秘的物种优势和生态景观，生物多样性与生态整体性相辅相成。尽快建立亚洲象国家公园，把亚洲象的适宜栖息地划到国家公园里，为亚洲象提供更广阔的生存空间，应是亚洲象保护最优的一种方案。

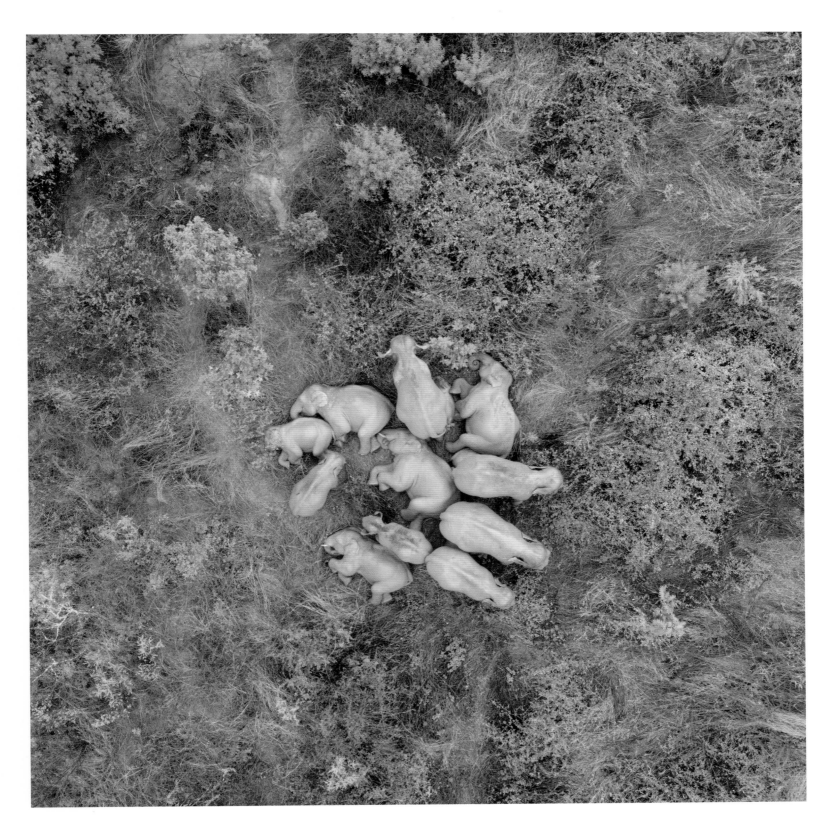

秋意深沉

半轮新月之下，巨象之蹼沉重如封印，四野瞑寂无声。人类一步步收敛自己的欲望，丛林里的动物重新获得喘息的空间。

大象是陆地动物中最具代表性的符号，以其自主能动性、长期与人类密切互动等特点，成功地将全球观者的视线引到山林薮泽，让我们在对自然的沉思中，重新把握世界的真实容貌。在大象沉稳缓慢的步履中，人与野生动物的互动模式正在悄然更改。

三月出野外，八月归故里。秋天又来了。2020年一群野生亚洲大象，怀着某种令人困惑的隐秘目的，在宁静的山野上跋涉，寻找属于它们的乐园，去完成不为人知的使命。遥遥一千多公里，历时一年半的漫漫长途，最后在人类无微不至的关照与引领下，在无数人的牵挂和惦记中、在不舍昼夜地守护下重返故乡——这是对人与自然和谐关系的浪漫礼赞。尽管，大象返乡也许并不是故事的结束。

1904年，小说家亨利·詹姆斯来到爱默生的故乡康科德河畔时，他若有所思地说："撒落在我身上的不是红叶，而是爱默生的精神。"我们对万类生灵的善意，就如那漫天飞舞的红叶，化生在自然里，化生在某种精神里，如同鱼出生于水中并适应水。

我们常说感谢大自然的恩惠与赐予，事实上水、空气和阳光，并不是大自然的馈赠，而是人类诞生时的先天与先决条件。

甲骨文中的"象"字，是象形字，形似大象的形状，后来人们逐渐将"象"字延伸，指代大象及其生活环境，随着时日久深，再进一步成为大象存在的整个有机生态系统的象征，常与混沌的自然界并称，直到抽象出精神领域的"显象""象征""大象无形"这样的自然哲学思想，被引申为大道、常理、自然规律。

《老子》有云："执大象，天下往。"河上公注："象，道也。圣人守大道，则天下万民移心归往之也。"华夏民族十分重视观察天象，"观象"在中国古代，是关系社会治理的大事，所谓"观乎天文，以察时变；观乎人文，以化成天下"（《易经·贲卦》）。有时"象"亦指气象、现象，比如自然四季的宏阔轮回。

芦叶黄了，在风中酥脆干响，和风渐渐显露锋芒。秋水明净、秋空寥廓，万物盛衰彰显出自然轮回的本能。季节时间本质上就是心理时间，深沉的秋意唤起了人们深切的反省，四时在变幻，日月消长，正如流光飞舞，不可逆转。然而四季又在回转，绵延不尽，所以落花流水尽可两两相忘，付诸天意，反正未来可期。在这个重新降临的秋天，让我们一起领悟与感受，人与自然世界之间，价值与情感的核心究竟存在何方。

惚兮恍兮，其中有象。随心所往，万类自由。